心态制胜

在不确定的世界里强悍地活着

NEW
MINDSETS,
NEW RESULTS

[美]克里·约翰逊 著 韩少佳 张宇洁 译
Kerry Johnson

北京时代华文书局

图书在版编目（CIP）数据

心态制胜：在不确定的世界里强悍地活着/（美）
克里·约翰逊著；韩少佳，张宇洁译 . -- 北京：北京
时代华文书局，2020.7
书名原文：New Mindsets, New Results
ISBN 978-7-5699-3748-0

Ⅰ.①心… Ⅱ.①克…②韩…③张… Ⅲ.①成功心
理－通俗读物 Ⅳ.① B848.4-49

中国版本图书馆 CIP 数据核字 (2019) 第 184165 号

著作权合同登记号　图字：01-2020-2842

心态制胜：在不确定的世界里强悍地活着

XINTAI ZHISHENG : ZAI BU QUEDING DE SHIJIE LI QIANGHAN DE HUOZHE

著　　者｜（美）克里·约翰逊
译　　者｜韩少佳　张宇洁
出 版 人｜陈　涛
选题策划｜刘昭远
责任编辑｜周海燕　韩明慧
装帧设计｜水玉银文化
责任印制｜郝　旺
出版发行｜北京时代华文书局 http://www.bjsdsj.com.cn
　　　　　北京市东城区安定门外大街 136 号皇城国际大厦 A 座 8 楼
　　　　　邮编：100011　　电话：010-83670692　64267677
印　　刷｜唐山富达印务有限公司
　　　　　（如发现印装质量问题，请与印刷厂联系调换）
开　　本｜880mm×1230mm　　1/32
印　　张｜7
字　　数｜125 千字
版　　次｜2020 年 7 月第 1 版
印　　次｜2020 年 7 月第 1 次印刷
书　　号｜ISBN 978-7-5699-3748-0
定　　价｜49.80 元

目录

目录

第九章

怎样在逆境中创造更好的心态

第十章

思维方式与人际关系

序　言

　　自 1981 年以来，我从事的工作多是在各大国际会议上发言、辅导顶级制作人、写书和录制视频。一直以来，我集中精力开发技能工具，帮助我的听众和客户们大幅度地增加他们的业务。事实上，我经常向我的客户保证：他们的业务将会在八周之内增长 80%。之所以能做出这样的保证，是因为我对我们的技巧充满信心。

　　但我不得不承认，还是有 5% 到 10% 的客户没能实现他们想要的结果。25% 的客户们的生意突飞猛进，达到了他们的目标。65% 的客户从中获得足够多的益处，不至于辜负他们为此付出的努力，但他们本可以做得更好。那么，这三个群体之间的差异是什么？他们都被教授同样的技能，都受到了出色的指导。除了底层的 10%，大多数人都很努力，但他们所收获的结果并不一样。造成这种差异的东西是什么？思维方式？可以推动任何客户疯狂成功的动机？答案其实是一个注重结果的心态。

心态制胜
New Mindsets New Results

比利·比恩是美国职业大联盟奥克兰运动家棒球队的总经理。这支队伍曾四度夺得分区冠军，但他们的经费只有世界大赛冠军纽约洋基队的三分之一。比恩没有资源，却有着在逆境中制胜的心态。比恩曾经说过："改变你的想法，才能改变比赛。"心态是连接一切的框架。它使销售和管理技能、自律和沟通能够有效运作。如果没有一个注重结果的心态，所有的技能都将是脱节的。注重结果的心态能把你所有的知识、技能和经验串联起来。

在这本书中，你将了解到许多不同类型的心态。但是仅仅理解什么是心态是不够的。本书的重点是帮助你开发一个注重结果的心态。这种心态不仅能使你变得更积极，还能助你实现目标。

本书的独特形式

我的朋友布赖恩·特蕾西曾经说过："领导者都是爱阅读的人。"事实上，如果你想跻身前1%的高收入者，你每个月都需要读一本书。如果你每周读一本书，那么你不仅会成为前1%的高收入者，而且会成为受教育程度最高的人。

问题是，大多数人并不读书，甚至不在自己的移动设备上读书。但他们确实阅读杂志文章，观看视频，听音频。我试图以最有可能吸引你阅读的方式写这本书。

几十年前，我是一名职业网球运动员。直到今天，我仍然每周打四次网球，而且在世界各地打高尔夫球、潜水和滑雪。你会从我的经历中读到很多与我讨论的概念有关的故事。这种写作风格将帮助你培养一种新的、更有效的心态。圣选戈州立大学的一项研究表明，如果一个故事与你想要记住的东西有关联，那么你对这个故事的印象会加深83%。

心态为何如此重要

这是我的第9本书，也是最重要的一本。我从前出版的几本书都取得了巨大的成功。但如果我知道有效的心态有多重要，我的第一本书可能就不一样了。

你的心态很关键。它影响你说话的方式，你的观点，甚至你的幸福。它影响着你的积极程度和消极程度，不管你是外向还是内向。不仅如此，心态还是衡量你能赚多少钱的一项重要指标。

心态制胜
New Mindsets New Results

　　我所受的教育是学术型的心理学教育，原打算走上学术道路，或者成为一名精神科医生。但在 MBA 课程结束后，我成了一名商业心理学家。您在书中阅读到的所有概念，都是我仔细研究了同行们的评审研究报告后写下的。以我的研究背景，我可以从最近的实际研究中找出最有意义的东西，而不仅仅是引用某个演说家的话或者杂志文章里的句子。在研究生院，我为退伍军人管理局开发了压力测试模型，为美国联合航空与大陆航空公司研究大脑对食物的偏好，此外我还在一些学校教授高级肢体语言课程。在写这本书时，我学到的最令人惊讶的东西是，心态是如何改变大脑的。心态不仅创造了神经通路，还创建了密集的森林状网络，而这些网络会进一步巩固你已经形成的思维。换句话说，一旦你培养出一个注重结果的心态，就可以更容易地维持和维护它。我们的大脑是为忧虑和沉思而生的。消极的思考比积极的思考更容易，也更自然。但这就是心态如此重要的原因。非常成功的人有不同的思维方式。他们不会让自己陷入忧虑的泥潭，也不会因为消极而瘫痪。他们能够持续地保持注重结果的心态。

　　这本书将帮助你了解什么是有效的心态。不仅如此，它还将帮助你完善和改变你已有的心态，发展一个能持续帮助你实现梦想的心态。我每周在世界各地的许多大会上发言。我经常告诉观众们，他们会在一天内忘记我演讲内容的 70%，三天内忘记 90%，除非他们能在听完后 24 小时内实践一个想法。观众们常常会对这个数据感到惊讶。这同样适用于你。如果你能在 24 小时内测试和使用一个概念，你很可能会留住它。因此，我的目标不仅是帮助你改变心态，更要帮你在未来几年保持这种心态。

请阅读这本书并让我知道你的想法。请通过以下方式联系我：

www.KerryJohnson.com

Kerry@KerryJohnson.com

LinkedInKerry Johnson，MBA，PhD

chapter 1

第一章

心态为何重要

心态制胜
New Mindsets New Results

1991年，PGA巡回赛官员给阿肯色州达尼内尔的一名年轻的高尔夫球手致电，询问他是否愿意做球队的第9名候补球员，为印第安纳州卡梅尔的克鲁克德高尔夫俱乐部效力，参加PGA锦标赛。作为第9名候补球员，这位年轻的高尔夫球手不太可能获得上场的机会。在第一轮比赛的前一天，他以每小时120公里的速度行驶了900多公里，于凌晨2点到达卡梅尔。然而戏剧化的是，他竟然被告知自己有机会上场，而且在几个小时后就要上场。

没有人能料到这个招摇、傲慢、毫无经验的球员竟然能赢得比赛。但约翰·戴利最终以领先布鲁斯·利茨克三球的成绩赢得了比赛。在场的媒体和专业人士都从未见过像戴利那样的挥杆动作。

约翰·戴利对自己有信心，而且他拥有一种能够造就冠军的独特心态。约翰·戴利说："我挥杆时只考虑一件事。我要牢牢地抓紧球杆，奋力挥杆。"戴利的态度是，永远要努力地挥杆。如果他赢了，就赢得彻底。如果他输了，就输得一败涂地。他唯一一次在其他重大高尔夫赛取得的冠军是 1995 年的英国公开赛。当时，他在季后赛中击败了科斯坦蒂诺·罗卡。但是，帮助他获胜的是一种胜利的心态——一种帮助他取得成绩的心态。这种心态帮助他赢得了 22 场职业比赛。

心态是一种心理倾向，这是一种心理结构。你的心态会影响你看待世界的眼光。这决定了你将如何理解身边影响你的一切因素。它还使你能够一致地评估所接触到的人、概念、对象和事件。你的心态是你的思想和信念的汇总，它可以形成习惯。习惯反过来会影响你的想法，你的感受和你做的事。

你也可以把心态看作是一种态度。心理学家说，态度是一种以某种方式看待事物的学习倾向。这是我们对人和事物的一种一致的感觉方式。

心态包括三个组成部分。

1. 情感：人、物体或事件带给你的感受。

2. 认知：你的思想、信念和期望。

3. 行为：你的心态如何影响你的行为。

以下是心态的三个基础。

1. 你创造了信念。

2.你的信念塑造了你的态度。

3.你的态度和信念决定你的心态。

心态犹如一把椅子。思想、信念、期望和态度如同椅子的四条腿。如果你拿掉其中一条腿，椅子的支撑就变得不稳定了。同样，消极的期望会削弱心态对你的支持。

我女儿凯瑟琳的朋友格雷格从科罗拉多大学退学，后加入海军陆战队。我住在南加州，在格雷格基础训练休假期间，我每隔几个月就能见到格雷格。当我在科罗拉多州的博尔德认识他时，他是一个酗酒、没有方向的大学生。但他的转变是显著的。

每个海军陆战队队员都会告诉你，训练指导员会撕碎新兵们的每一个信念、概念和想法。他们从第一天起就会谴责你，质疑你的家庭、教育、关系，甚至你的目标——所有这些都是为了培养好的海军陆战队队员。为什么教官如此嘲笑和侮辱他们的新兵？他们的目标是摧毁那些年轻新兵的每一种心态。然后，他们创造了另一种心态，一种符合海军陆战队的目标的心态，即完成任务，并在任何情况下取得成功。海军陆战队的心态是：在海军陆战队制定的规则和准则范围内执行合法的命令，并且实现目标。海军陆战队不创造个人，他们创建的是可以一起工作并完成任务的团队。

你拥有什么样的心态

你的信念是什么？你的期望又是什么？通过下面这个简短的测验，来认识你的心态。我会给你一些心态的定义，每个定义都伴随着一个可以投射到你身上的问题。

1. 心态是一种心理态度，它决定了你在任何情况下对其他人的反应。

一场会议开始前，你会感到忧虑，还是怀抱着积极的期望？与别人会面时，你通常会认为自己将获得机会，还是认为眼前的人会评判你？

2. 你的心态会影响你的喜好、倾向和习惯。

你每天早上起来后的第一件事，是做锻炼，还是反省和担心？你会专注于自己会在这一天完成什么，还是你专注于你将面对的阻碍？

3. 你的心态就是你的态度和精神状态。

你会怀抱着积极的态度过一天，还是忍不住去想今天会不会有什么消极的事情发生在自己身上？

4. 你的思维与态度以你的心态为指导。

你的思想是朝着自我成长与建设的方向发展，还是局限于保护自己以及你所拥有的东西？你的观点是公开的还是像现在的美国政党那样两极分化？

5.你的心态也是你的心情和性格。

你的心情是振奋的吗？是经常寻找鼓励他人的理由，还是为了你的结果而责怪周围的人和环境？

6.你的心态是你处理某种情况的方法，尤其是当它可能导致压力时。

如果过去的情况给你造成了压力，你会避开它，还是想方设法改变过去的结果？

你在这个心态测验中得分如何？这个测试是为了让你知道你是谁，你怎么想，以及你在做什么都是由你的心态所引导的。你所有的良好习惯，例如当你遇见别人时保持微笑，准时上班养家糊口，都是心态的结果。你所有的坏习惯，例如拖延、缺乏锻炼、暴饮暴食也受到心态的影响。

我有个朋友告诉我他很少迟到。他说如果你没有早到，就已经迟到了。没有"准时"这么一说。我问他从哪里学到了这个概念。他说，"这就是我的思考方式"。这是指导他的态度、思想和行为的心态。

通过阅读这本书，你将收获什么

在这本书中，我们将讨论许多可以大大提高你生活质量的方法。你的心态会影响你的思考、言谈和经历。我们将讨论为什么你的心态如此重要，并会让你了解到你现在的心态是什么。我们将讨论它来自哪里以及它如何对你产生影响和作用。我们还将讨论内向型和外向型心态之间的差异。内向型思维的人只考虑自己，而外向型思维的人会考虑他们的行为对他人产生的影响。

关于这个主题的大部分研究结果来自斯坦福大学教授卡罗尔·德韦克。她把心态分为固定型心态和成长型心态。拥有固定型心态的人认为他们的才能和能力是有限的。拥有成长型心态的人认为他们的成功主要取决于自己的努力。他们并没有把挫折看成对自己的限制，而是将其当作宝贵经验。

在这本书中，你也会了解到你的智商不是一成不变的。智商测试只是对你某一瞬间的学习能力的测量。重要的是，你要知道你现在的智商不能够限制你成为什么样的人。这只是你当前能力的一个反映。

通过这些研究，我将帮助你发展一种专注于结果的心态。这种心态并不是用来限制你的，而是一种建立在信念之上的心态，即你可以创造你想要的一切。我会帮助你重塑你的认知和思考。

你必须通过自己的眼睛看世界，正如你不可能从一条鱼的口中得知它所生活的水域的温度。要想改变你的心态，你必须抛弃那些不支持你养成新心态的东西。如果你按照我的建议来，这一切会变得容易得多。很多自我限制的东西都是"自找"的。你甚至学会了如何失败。原因包括习得性无助，对批评的高度敏感，以及随着年龄的增长对学习的抵触。

在这本书中，你将学习如何通过资源圈等技术来强化您的心态，通过元模式改变思维方式，以及如何在创建和实现目标时使用分割法和结果法。

你是否曾因为改变生活而心烦意乱？你的新年决心是不是只持续了几个星期就以失败告终？嗯，我像你一样。我需要特定的策略来避免拖延，有时会用它们来避免沮丧。因此，在你形成注重结果的心态的过程中，我将帮助你制定一个行为契约。我们甚至可以通过某些奖励来激励自己，让你对每天的守约行为保持信心。你的心态也会影响你的大脑。事实上，你越担心，对大脑形态的改变就越大。担心会使你的大脑变得更消极。你的大脑通路会变得像充满麻烦的高速公路，使你更加频繁地陷入沉思。为了解决这个问题，我们将应用一些技巧，包括模式中断。你将学会用积极的心态代替消极的想法，并不断检查自己的思想是否支持着你想要的心态。

我们还将讨论很多关于伟大领袖的心态。我们将讨论他们的想法，不仅是他们本身，也包括他们培养的人。我们将专注于一些你可以用来培养特定思维的技能，包括谈判。

此外，我们还将讨论如何帮助他人培养更好的心态。你实际上可以帮助你的孩子创造一个良好的心态，不是通过赞扬他们在某件事上做得多棒。相反，你的鼓励应该侧重于肯定他们的努力。这将帮助他们培养对成就的热爱。

我们还将了解如何通过渐进法和行为塑造来帮助他人培养这种注重结果的新心态。正如我们将看到的，海洋世界也在使用类似的技巧让虎鲸、水母和海豹完成惊人的壮举。

最后，我们将讨论的是，你的才能和能力对你的成功并没有多大帮助。有了注重结果的心态，你将能够更有效地克服障碍，把挫折视为学习经验。我们还将谈论傲慢和自恋的心态。许多国家有一种集体心态，认为它们比其他国家更好。正是因为他们的这种错误的优越感，他们最终都瓦解了。

培养自信的心态

据瑞尔森大学体育主任兼足球教练伊万·约瑟夫博士介绍，足球运动员的心态是他在评选奖学金时考虑的关键因素。约瑟夫说，父母会偷偷靠近他并假装漫不经心地谈论他们的孩子。他们会说："我的孩子将来会有大出息。""在这个领域，我的孩子比其他孩子更有见解。"或者"我家孩子的左脚的进攻能力比学校里的任何人都好"。

然而约瑟夫最看重的不是他们的球技，而是他们努力和用功的心态。这些新成员会学习吗？他试图找出那些相信自己的学生，寻找那些从不忽视自己的目标而且无论可能性有多渺茫依然会努力求胜的球员。

关于如何建立注重结果的心态，约瑟夫给出了一些建议。你们可以通过这些简单有效的技巧来培养一种创造自信的心态。他并不是在谈论某种非理性的自信，比如让你假装自己拥有了某些你并没有的技能。不，我们不是在讲那种不合理的自信，而是建立一种心态，让你对所做的任何事情都拥有信心。

首先，根据约瑟夫的说法，为了建立自信，你需要重复。作者马尔科姆·格拉德威尔曾提出一万小时天才理论：如果你坚持做某件事情长达一万小时，你将成为这方面的专家。约瑟

第一章

心态为何重要

夫讲述了他在南美洲招募的守门员的故事。有个守门员的脚强劲有力，然而他的手笨拙如石头。无论把什么东西扔向他，他都无法接住。因此，约瑟夫让这个守门员每天在球门里接350个球，持续了8个月。这位守门员现在已进入欧洲最高水平的职业足球队。

许多人可能愿意在一天之内接住350个球，但很难坚持8个月。大多数人都不会在一万小时里练习某项技能。当情况变得艰难时，他们会选择退出；当他们感到无聊时，他们会选择逃避。他们不愿意下很高的筹码来获得他们想要的东西。《哈利·波特》系列出版之前，J.K. 罗琳被出版商拒绝了13次。但是由于她的伟大毅力，罗琳成为世界上第一个身价十亿美元的作家。你也一定听说过爱迪生在成功发明电灯之前尝试过一万多次的故事。他曾说过，他能从每次失败中汲取经验从而做得更好。

美国消费者新闻与商业频道（CNBC）的《蓝领百万富翁》节目曾有一期讲了这样一个故事，一个年轻女子通过养马年入2000万美元。虽然她的父亲曾告诉她，"你不可能靠养马赚到钱"。这位女士的成功秘诀是找到具有优秀基因的母马。这事实上与能力无关，靠的只是努力工作。她来自一个马术之家，但她是家族中第一个用她所爱的动物赚钱的人。

心态制胜
New Mindsets New Results

有这样两个大学毕业生，他们所做的工作都是自己不喜欢的工作。三年后，他们想要做出一些改变。他们借用父母的面包车搬运垃圾，以此获得收入。后来，这两个年轻的企业家建立了一个年收入 2500 万美元的垃圾搬运特许经营公司。他们如今生活在迈阿密，其中一人买了坐落在迈阿密内河航道旁的房子，另一个买了玛莎拉蒂。两人现在都已结婚生子。如果你问他们是否聪明，他们会说"是的"。如果你问他们是否幸运，他们会说"当然了"。但是，如果你问他们是否懒惰，答案是否定的。这都是他们通过努力和辛苦劳动获得的成果。

我最喜欢的蓝领百万富翁之一是一位来自佐治亚州亚特兰大的害虫控制专家。他以 500 万美元买下了他父亲的公司，并在短短几年内就将其打造成一家价值 800 万美元的企业。但有趣的是，作为害虫控制专家要赚 800 万美元，他必须忍受某些事情。例如，在阁楼上寻找死去两天的老鼠或者打破墙壁寻找白蚁和蟑螂的巢穴。

这四位蓝领富翁的成功秘诀不仅仅是努力工作。首先，他们每个人都表示自己从未想过放弃。85% 的企业家会在头三年面临失败。这是为什么？是因为现金流，还是因为缺少广告？其实更多的是因为他们的心态。我认为更主要的原因是他们无法克服障碍，不肯面对挫折。

其次，拥有自信心态的人总是会对自己说一些自我鼓励的话。我们中的许多人常常会对自己说一些消极的话。我们会说，"希望我不要把事情搞砸。希望我不会再犯那个错误了。真不敢相信我竟然那么愚蠢"。我的嫂子告诉我们，她最近整晚都在担心自己会不会搞砸家里的圣诞大餐。她做了所有的准备，却依然无法阻止担心的念头。

和自己对话为心态奠定了基础。你如何与自己交谈反映了你的心态。你如何说话决定着你如何行动。你的大脑不会过滤你与自己的对话。如果谈话内容是消极的，你也会按照这种消极的想法来行动，但如果谈话内容是积极的，你的行为也会与之保持一致。

一位棒球投手在比赛时自言自语，"不要把球抛得太高，这样会抛到击球手的内侧"。果然，在下一次投球过程中，球被高高地抛起，且抛到了击球手的内侧，完全是这个投球手不想看到的结果。大脑很难区分积极和消极的自我谈话。你的想法就是你与自我对话的写照。换句话说，如果你对自己说消极的话，消极的事情就会发生。如果你对自己说积极的话，积极的事情就会发生。

在多年前的一场网球比赛中，我在一个关键点上双发失误。我很自责。实际上，我还大声说："这球发得真蠢。我肯定是这个俱乐部最差的网球运动员了！"果然，我输掉了那场比赛，因为我在剩余比赛时间里打得更糟。这是我与消极的自我谈话的结果。这就是为什么运动员必须要有一种"健忘症"。他们必须完全忘记过去的失误，一心只关注下一次能否成功得分。

再次，你应该远离任何会把你击垮的人。摧毁你的不是大象，而是蚊子。如果一个人说你不能做某事，你或许能做到不听他的话。但是，如果很多人贬低你的目标或能力，你极有可能会开始相信他们。

对于我这样的专业演讲者来说，自信的心态至关重要。你听说过一个害羞的演讲者去演讲吗？观众有可能会强烈地拒绝你的演讲，尤其是在你刚起步的时候。有一位听众曾经当众批评我的幽默感过于幼稚，这深深伤害了我的心。我有一个不太擅长鼓励别人的同事，他曾经说过："如果有人叫你'蠢驴'，请考虑消息的来源。当两个人叫你'蠢驴'，这话就可信了。"帮助你认清现实固然是好事，但你绝不会希望自己身边都是消极的人。

想想你周围的人。他们支持你吗？他们是在帮助你提升自己，还是通过削弱你来增强自己的信心呢？你能分辨出两种人的区别吗？

最后，自信的心态需要汇总自己过去所获得的成功的能力。

第一章
心态为何重要

我记得我女儿卡洛琳打网球的时候。我看了她的一场比赛，然后问："你觉得自己打得好吗？"她说："我打得很棒，爸爸，我今天的状态真的特别好。"她所说的和我看的是同一场比赛吗？在那场比赛中她几乎没有碰过球。对方有90%的时间都把球打向了她的搭档。她确实打了几个好球，但仅此而已。卡洛琳只记得那几记好球。即便如此，她对自己在球场上表现的解读证明了一切。

也许你像我一样，总是牢牢地记着自己上次的表现。更严重的是，我对犯错的记忆远远比成功的记忆更深刻。职业运动员中有一种理论，认为输球的痛苦比胜利的喜悦更可怕。我的朋友特里·布拉德肖曾经是匹兹堡钢人队的四分卫，后来做了一名电视播报员，听到我这么说，他跟我讲述了自己被拦截的六次投球。尽管他是四届超级碗冠军，但他清楚地记得这些错误。

有自信心态的人会更强烈地记住成功而不是失败。他们会对成功的情况进行汇总，并试图忘记他们表现不佳的事件。或者，他们会重新解读和重新描述那些过往可怜的经历，把它们当作一次能够帮他们未来做得更好的学习经历。如果你是一个倾向于记住糟糕表现而非良好表现的人，这对你来说可能是困难的。你可以努力记住那些伟大的成功，并对自己在成功路上迈出的每一步做出奖励。稍后我们将讨论如何奖励自己。如果你努力实现了某件事情，那不妨就奖励自己一些特别的东西吧！如果你获得了新的订单，那就在当天吃顿大餐。如果你按照计划度过某个项目的第一天，就像我的女儿凯瑟琳一样去喝一杯酸奶。如果你成功地清理了车库，即便明天还有很多工作要做，你也要带妻子出去美餐一顿。奖励可以使你对成功的记忆更加深刻。

你的心态源自哪里

与其他行为一样，心态是你从老师、家长、朋友那里获得的反馈的产物。一个在数学上给你鼓励的老师也许能让你觉得自己可以解决任何问题。指责你不负责任的父母可能会让你形成一种你不值得被信赖的错觉。

在我参加职业网球巡回赛之前，我的英雄是斯坦·史密斯、罗布·拉弗和吉米·康纳斯。在我短暂的职业生涯结束后不久，约翰·麦肯罗出现了。1981 年麦肯罗和比约恩·博格之间的温布尔登决赛可以说是网球史上最好的比赛。博格在 1980 年的决赛中击败了麦肯罗，并在第二年打出了一场更加精彩的决赛。约翰·麦肯罗必胜的心态是由他的父亲培养出来的。麦肯罗的父亲给他带来了巨大的压力。许多网球运动员的家长常常会剥夺孩子参与比赛的乐趣。对约翰的父亲来说，孩子的事业似乎就是他的人生目标。约翰实际上曾告诉父亲他不喜欢网球，并且质问他："你就非得来看我的每一次练习吗？"约翰最终为他的父亲带来了他想要的成功，但他自己并未享受其中。约翰曾说过，他享受赞美、金钱和名气，但他并不真正喜欢这项运动。

与约翰相反的是罗杰·费德勒。费德勒经常对记者说，退役后的日子将是他一生中最糟糕的日子，因为他非常喜欢网球。即使在他输掉的比赛里，你也依然能看到他独特的心态。他总是祝贺并且赞扬他的对手。他不会说自己打得有多差，而是称赞他的对手有多好。最重要的是，他会谈到自己是多么喜欢这场比赛。罗杰·费德勒连续302周排名世界第一，而约翰·麦肯罗仅仅连续170周排名世界第一。这两人的不同之处在于，罗杰·费德勒的心态是享受比赛，而约翰·麦肯罗的心态只是为了取悦他的父亲。你所有的童年经历都会影响你心态的形成。在接下来的部分，我们将讨论如何改变你的心态并使之成为你希望看到的样子。

你的心态如何影响你的偏好

正如前文提到的，心态会影响你对世界的态度以及你的思想和行为。我们都有一套用于评估我们所处理的信息的筛选器。如果我们完全按照我们听到和读到的内容行动，我们必定会发疯。你的心态是一个可以让你对所经历的事情产生偏好的过滤器。这和"先有鸡还是先有蛋？"的概念很相像。你的心态会影响你的偏好，你的偏好助长你的心态。影响人们心态的过滤偏好包括从众行为（herd behavior）、现状（status quote）、近因效应（recency，新出现的刺激物促使印象形成）、极端影响（extremeness）和厌恶损失（loss aversion）等，其中影响力最大的是确认偏误（confirmation bias）。

确认偏误指的是，人们总是倾向于寻找和相信那些能够支持自己已经接受的观念的信息。在我所写的《为什么聪明人用金钱犯愚蠢的错误》（*Why Smart People Make Dumb Mistakes with Their Money*）里，我详细介绍了康奈尔大学营销学教授艾德·鲁索的研究。他要求学生评估餐馆。他给学生们展示了餐厅的照片和菜单，要求他们对这些餐馆进行评分，按照从高到低的顺序从1到10打分。一些学生喜欢某家餐厅的菜单，就给了9分，而其他学生不太满意，给了3分。但随后学生们被带到餐厅里，他们看到一些不那么吸引人的方面，如撕裂的垫子，凌乱的地板和卫生间的糟糕状态。然后，鲁索要求学生们再次给这些餐厅打分。即便这些学生实际参观了这些餐馆，新的分数与最初的分数变化幅度也只有10%。

公司依靠确认偏误来建立自己的品牌。博士耳机音质很棒，以至于当入耳式耳机出现后，你会假设博士耳机的卓越性能将得以延续。当保时捷推出混合动力车时，你的偏见会让你觉得保时捷依然能保持卓越的工艺和性能。而要克服糟糕的第一印象需要一生的时间。你最初的印象是很难改变的。

几年前，我决定和家人去伯利兹度假。我们迫不及待地订了机票和酒店。但是，一场飓风在旅行前三天从加勒比海登陆。我妻子想让我取消旅行，但我辩解说风暴不会影响到伯利兹。我看着它的轨迹和风向，不断说服自己，我们的假期不会就这样被毁掉。直到酒店打电话说他们要停业五天，我才妥协。我不是不知道飓风正在席卷这个地区。只是我听了新闻报道，相信飓风会奔向伯利兹北部，而不是从它中间穿过。波士顿基石研究公司的迪克·威尼克注意到，当消费者年复一年地选择同一品牌的汽车时，他们付出的代价会更大。别克车主每辆车平均多付2500美元，奔驰车主则平均多付1万美元。高溢价的原因是，忠诚的顾客往往对品牌深信不疑，而且讲价意愿更弱。

他们不会像新的买家那样更倾向于获得一个优惠的价格。如果你做好一走了之的准备，你总会得到一个更好的价格。不断改进的技术也为确认偏误提供支持。汽车不会经常抛锚，而且有更长的保修期限。

许多年前，我想要买一辆新的宝马650I。展台上有很多漂亮的车，我的妻子突然问我："你试驾过保时捷吗？"这句话让本来要买宝马的我对停在展台远处的保时捷卡宴2003产生了好奇。在试驾之后，我立刻成了保时捷的粉丝。它的速度非常快，像是在雷达下面飞。在那次购买之前，我曾拥有过4辆宝马，但现在我想要购买一台保时捷卡雷拉911S。这是我第一次购买保时捷。最后，我在帕萨迪纳找到一台卡雷拉，并且最终拿到1.5万美元的折扣。对于大多数保时捷经销商来说，这样的折扣是闻所未闻的。这辆车已经在展台上摆放了3个月之久，而我如果得不到合适的折扣，就会随时转身离开。我最近又买了一台保时捷，但是这一次不再那么努力地讲价。我爱上了这个品牌。我没有得到最优惠的价格。我产生了确认偏误。所以下次你想买车的时候，不要轻易爱上车模或是那辆车。如果你想省钱，最好的方法是购买不同品牌的车。

无论是汽车、食品还是度假场所，一旦你产生确认偏误，你会通过支持该偏误的过滤器来对待新的信息。可能也是因为

第一章
心态为何重要

这个原因，我从来没能让我的女儿听进去我不喜欢她男朋友这样的话。这些产品被卖给被它们吸引的人，而这些人总会无视与其信念不符的信息。

我的一个客户曾经打算招聘一名新的办公室助理。他的网络招聘广告收到了二十个回复。他最中意的申请人当时还没有结束上一份工作，并且她的应聘电话是从她前雇主的办公室打来的。我问我的客户是否担心候选人将来会利用办公时间申请新工作。他说，"我肯定她在为我工作的时候不会那样做"。确认偏误的心态再次袭来。三个月后，他解雇了那位助理，原因是她利用办公时间做私事。正如我经常对我的女儿和客户说的那样，"人们向你展现出他是什么样的，你应该相信他们"。

1990 年结婚后，我应邀于英格兰西南部的海滨度假胜地托奎发表演讲。到达伦敦后，我们租了一辆车，准备在苏塞克斯过夜。我妻子梅里塔想要花一个下午的时间逛古董店。她发现了一座漂亮的老爷钟。我认为 1000 美元太贵了，但她确信自己淘到了宝贝，这古董在美国应该价值 3000 美元。然而到家之后，经销商给这个古董钟的估价仅为 500 美元。我美丽的妻子是确认偏误的受害者，她不愿意听信任何与她意见相左的观点。

人们经常只听他们想听的东西。他们专注于证实自己信念的信息，并极力避开任何冲突的证据和信息。因此，许多决

心态制胜
New Mindsets New Results

策都基于不准确、不完整或完全错误的信息。2008年美国总统大选之前，深夜主持人杰伊·莱诺在纽约的哈莱姆街进行了一次街头访谈。他问居民们对贝拉克·奥巴马的看法。如果他们表示愿意投票给奥巴马，莱诺会问他们对奥巴马反对安乐死和反对堕胎的立场的看法，以及他们对奥巴马选择萨拉·佩林作为竞选伙伴的看法。几乎所有受访者都认为奥巴马反对安乐死和反对堕胎的立场是正确的。他们一致认为，让一位女性担任他的副总统竞选搭档是一个了不起的主意。事实上，情况正好相反。奥巴马是主张堕胎合法的，并且他的竞选伙伴不是萨拉·佩林，而是约瑟夫·拜登。由于确认偏误的影响，那些支持奥巴马的声明被接受了，与之冲突的都被无视了。此外，确认偏误也影响了唐纳德·特朗普，比尔·克林顿以及所有曾经任职过的总统的支持者。

虽然克服确认偏误是困难的，但是有一些方法可以减轻这种偏误。首先，在下决心之前，至少征求其他两个不同来源的意见（当然，这说起来容易做起来难，因为你可能会很快地倾向于你最喜欢的建议）。接下来，你需要做一些调查。如果你只有一把锤子，你就会像对待钉子一样对待整个世界。如果你只有一点信息，你将根据这仅有的信息做出相应的决策。因此，你需要以相同的态度来对待好的和坏的信息。

chapter 2

第二章

心态与改变

心态制胜
New Mindsets New Results

麦肯锡全球管理咨询公司最近的一项研究表明：面对变革时，那些注重改变心态的组织和公司比忽视心态转变的组织和公司成功四倍。

我是一名商业心理学家，已经在世界各地演讲了四十余年。我访问了世界七大洲的几乎所有国家。在旅行演讲的过程中，我见证了许多公司的巨大进步。这些公司之所以获得这样的进步，是因为它们率先对企业文化进行了改革。公司改变薪酬制度和激励机制，有时可能会带来负面效果。然而持久的变化往往是罕见的。为什么呢？因为这些公司试图改变的是行为，而不是心态。我们知道行为会推动结果，但心态能够驱动行为。

我常常被企业邀请去发表激励性演讲。通常，在所有战略都以失败告终后，我是高管们的最后一根救命稻草。许多年前，一位高管安排我在员工聚餐后发表演讲。当时在场的一百多个同事都喝醉了。高级副总裁起身介绍我。他告诉他的团队，

"我希望你们都知道，我们削减了用人预算，把你们的工资降低了10%，而且大家未来每月的医疗保险分摊费用会增加500美元。接下来，我想介绍我们的主讲人克里·约翰逊博士，他将激励大家取得更高成就"。不用说，那天晚上我未获得雷鸣般的掌声。

外向型心态、成长型心态以及固定型心态

外向型心态

根据詹姆斯·法雷尔的著作《外向型心态》（*The Outward Mindset*），个人和组织只有在拥有外向型心态时，才能做出持久的改变。外向型心态意味着你必须优先察觉并关注到别人的需要，而不是你自己的需要。那些拥有内向型心态的人只关注自己的目标和自己狭隘的责任。他们通常更关注做事的过程，而不是他们正在做的事情会对组织产生怎样的影响。这种情况也适用于个人。你做事时是只考虑到自己，还是会关注这件事将会对你的家人和朋友造成怎样的影响？

几个月前，我和四位好朋友一同打网球。就像往常一样，

心态制胜
New Mindsets New Results

比赛结束后我们一起喝了一杯。一位朋友说他的妻子想让他在下午6点回家吃晚饭。晚上7点的时候,我说:"太晚了,我想尊夫人会不高兴的。"他说:"我不担心。她只会生气一小会儿。"这是一个典型的内向型心态的例子。这种人更多的是考虑自己想要什么,而不是受自己的行为影响的其他人。

在我的实践中,我经常发现公司内部的孤岛型员工。这些人具有一套工作流程和职责认定标准,他们讨厌那些影响他们的人。比如,一个从事行政工作的人,当公司雇佣另一个助理时,他会感受到威胁;比如,一个销售人员也许会讨厌另一个销售人员加入自己的团队;再比如,有些员工也许会因为公司重组导致自己的工作职责改变而感到不安。

在《外向型心态》中,法雷尔讨论了一些你可以应用的心态。

1. 关注他人

这意味着你需要对互动对象的需求、障碍和目标感到好奇并加以关注。领导者能够为人们的成长创造机会。他们将帮助下属克服障碍,使他们更加成功。同时可以用一种帮助他人成功的方式做事。

我有一位客户,他受雇的企业是一家以财务顾问为首,由三个合伙人及四个行政人员组成的家族企业。他的妻子是行政主管。业绩最好的合伙人所提交的文书报告经常错误百出。这

第二章

心态与改变

给行政主管带来了巨大的工作量，使她不得不花几个小时打电话给客户，牺牲个人时间。倘若这位合伙人拥有外向型的心态，而不是只关注自己，这一切就不会发生。

2. 调整努力的方向

了解你周围的人正在尝试完成什么目标。你是否正在做一些对你的互动对象有帮助的事情？一个有趣的事实是：当你帮助别人时，他们也会帮助你实现你的目标。

3. 关注影响

内向型心态的人专注于他们做什么。外向型心态的人关注他们所做的事情对他人的影响。

产生巨大影响的一种方式是与团队对话。这通常是可怕的。人们最大的恐惧之一是在一群人面前讲话。多年前，我在拉斯维加斯向一千名企业主发表了题为"如何读懂你的思想"的演讲。这些企业主经常需要在团队成员面前发言。在我之后的演讲者谈到"要成为一个更好的演讲者"。他说："人们在生活中有三大恐惧。第一，在一群人面前演讲。第二，死亡。第三，大概是当众发言的时候死掉。"我也是一名非常有趣的演讲者，但当我听到这段幽默的台词时，我大笑起来。

人们如此害怕说话是因为他们的内在专注。他们完全被自己的感觉，他们做得怎么样，以及人们是否会喜欢他们控制。

心态制胜
New Mindsets New Results

　　相比之下，我认识许多优秀的演讲者，他们也是我最好的朋友们。这些激励大师包括：卡罗伯特·里维特、齐格·齐格勒、罗杰·道森和莱斯·布朗。在演讲中，每一位杰出的演讲者都十分在意他们对听众的影响。这段演讲能改变人们的生活吗？能帮助人们改进吗？当你对一个群体抱有外向型的心态时，焦虑和恐惧会随着你想要产生影响的欲望而消失。如果你真的想成为一名伟大的演讲者，不妨培养一种外向型的心态，并且把心思放在你能为你的听众做些什么上。正如诺曼·文森特·皮尔曾经说过的，"如果你能帮助人们得到他们想要的东西，他们就会帮助你得到你想要的"。

　　海豹突击队 BUDS 训练是世界上最艰苦、对体能要求最严格的训练项目之一。不仅因为海豹突击队是万里挑一的，还因为这支队伍在初选之时就会鼓励候选人退出，而且越快退出越好。理由是：如果候选人会在训练中退出，那么他们也会在执行任务期间退出。海军海豹突击队队长罗布·纽森报告说，候选人无论何时都可以选择退出，只要敲响挂在科罗纳多或弗吉尼亚海滩训练场边的钟即可。纽森说，每个前期退出的候选人都拥有内向型心态。他们不考虑自己的队友和使命，而是只关注自己。但是，只要候选人只关注使命和周围的人，他们就能渡过一切难关。"一切"这个词有很深的意义。这些候选人会经历长达一周的"睡眠剥夺"，长期处在潮湿、寒冷和疲劳的状态下。决定这些为数不多的候选人能否通过世界上最艰苦的军事训练的最大的指标是心态。不是能力，不是力量，只是心态！

外向型心态的另一个例子是关注一些比你自己的事情大得多的事情。基督教传道者经常谈论为了拯救灵魂和照顾全体教徒而拒绝成功的故事。一个士兵扑倒在手榴弹上，冒着生命危险去挽救他的战友，那是因为他愿意为一个更大的事业而牺牲自己。

我的客户理查德经营着一家成功的保险机构。理查德在销售技巧方面很有天赋。他能够轻易地登上百万美元圆桌会议的榜首，而这要求每年至少有100万美元的收入。但他的成功并非来自他的销售技巧或毅力。他最大的天赋是他的激情和信念。他坚信自己的潜在客户需要健康保险以保护他们的家庭，需要拥有退休收入来源，长期护理，以及退休金。他真正关心的不是赚多少钱（尽管那是重要的），而是客户的幸福。他热衷于确保人们的生活因他所卖的东西得到改善。我为数百名客户进行了一对一的辅导。大概有5%的人对帮助客户有理查德这般的热情。有趣的是，我的客户越是拥有外向型的心态，他们赚的钱就越多。

心态制胜
New Mindsets New Results

　　与理查德恰恰相反的是一位来自缅因州的客户，吉姆。吉姆经常错过辅导的预约，而且会频繁地为自己的不积极寻找借口。几个月后，我意识到他只会在需要钱的时候尽力帮助他的客户。理查德的收入是吉姆的二十倍。猜猜看他们俩谁更快乐？内向型心态的生产者还是外向型心态的生产者？

　　比尔·巴特曼是票据托收公司CFS2的创始人。创建这家公司的灵感来自巴特曼本人生活中所经历的一些困难。催款人会不停地打电话给你，接通电话后，他们会扬言扣除你的信用额度，除非你答应付账。即使你不会像19世纪那样被投入监狱，但这个过程仍然令人尴尬，而且非常难熬。

　　巴特曼很快意识到，人们没有支付他们的账单是因为他们没有钱支付。拥有内向型心态的人会侧重于催账的过程：打电话、威胁和威逼。但巴特曼采取了一种外向型心态的方法。他帮助人们赚更多的钱来支付他们的账单。起初，他的团队给债务人提供预算建议。但是这似乎并没有起到预想的效果。那些负债累累的人被打倒了，他们失去了改善生活的动力。之后，CFS2的员工开始为客户写简历，帮助他们寻找工作机会，并帮助客户填写求职申请，进行工作面试。他们采用了模拟面试的方法帮助他们的客户为真实的面试做准备。说到外向型心态，巴特曼的员工甚至会在面试当天早上给客户打电话提醒他们准时到场。

巴特曼不仅为员工收回债款金额提供奖励，也对他们为客户提供的服务进行奖励。结果是令人震惊的。CFS2 的收款率是业内其他公司的两倍。巴特曼创立了一家以伙伴的身份帮助客户支付债务的公司。这是一个很好的例子，它展现了外向型心态不仅本身是一件好事，而且可以为公司创造辉煌业绩。

在竞争激烈的篮球运动中，圣安东尼奥的马刺队一直占据着主导地位。尽管关键球员年龄老化，团队成员更替频繁，合同纠纷不断，但他们还是取得了成功。马刺队的主教练格雷格·波波维奇称他的球队是"一个具有动态适应及外向型思维的有机体"。"有机体"这个词是恰当的，因为每个成员都是具有单一身份的团队的成员。但是这支队伍不会因"自我"妨碍集体。这在篮球运动中确实很了不起。洛杉矶湖人队的前球员科比·布莱恩特会指责他的队友，除非他们把球传给他。

1999 年休斯敦火箭队被称为"梦之队"。这支球队拥有哈基姆·奥拉朱旺、斯科蒂·皮蓬和查尔斯·巴克利等众多明星。这些人也是 NBA 当时收入最高的球员。火箭队也曾经历过一个失败的赛季，那时候梦之队之间的配合并不好。这是一支由一群具有内向型思维的球员组成的团队。所以团队中需要一个拥有外向型思维的成员，愿意通过帮助他人取得成功。只有整个

心态制胜
New Mindsets New Results

团队成功，才能取得比赛的胜利。正如你在无数的电视广告中听到的那样，"团队"中没有"我"这个概念。

波波维奇说，他成功的秘诀是寻找那些能够越过自己的球员。他培养了一种外在的心态，创造了一种文化，使马刺队拥有竞争优势。他的成功基于四个因素。

1.招募并建立无私和团队合作。波波维奇称之为"卓越关系"。

2.照顾员工和球员的感受。

3.听取球员和工作人员的意见。

4.通过卓越关系完成卓越目标。

波波维奇说，一支球队的纪律固然重要，但这还不够。球员之间的关系才是关键。他说："你必须让球员们意识到你是关心他们的；同样，他们彼此也必须相互关心和欣赏。"

波波维奇以外向型的心态再次证明，当你帮助人们得到他们想要的东西时，他们也会帮助你得到你想要的。球员们感到自己有义务精进技能，并始终如一地发挥出最佳水平。这进一步表明，当球员们献身于更伟大的事业时，他们取得的结果比他们只关注自己时要棒得多。

成长型心态

斯坦福大学的心理学家卡罗尔·德威克是世界上最著名的心态研究者之一。"人如何应对失败"是德威克的研究重点。她拿一些孩子们做过一个实验。起初,她让孩子们尝试解决一些稍有难度的问题。一个 10 岁的男孩起立,搓着手说:"我喜欢挑战。"另一位学生傲慢地说:"希望这题目算得上是挑战。"一个学生愿意尽他自己最大的努力,而另一个学生则认为这些题目不值得他努力。一个愿意尝试,而另一个完全不愿意。

人类的能力是如磐石般一成不变,还是可以通过努力工作获得提高?几十年来,天赋与勤奋的问题一直困扰着精神病学家。20 世纪 70 年代,当我还是一个研究生时,我们曾研究过这个问题。当时的普遍信念是:你的才能和能力是设定好的,你只能做出微小的改进。人们普遍接受的观点是:天才来自 80% 的天赋,剩下 20% 的潜能在于你对天赋的发挥。而德威克把这个概念颠倒过来了。

我们甚至有办法测量你的潜力。其中一种方法是智商(智力)测试。今天,大多数人认为智商是一种不变的学习能力。甚至现代文学也把智商描述为一种无法增加的固定指数。提出"智商"这一概念的人是法国心理学家阿尔弗雷德·比奈。20 世纪初,

心态制胜
New Mindsets New Results

在巴黎工作时，他曾试图寻找那些并未从巴黎公立学校系统中获利的孩子。他想找到那些在新的教育项目中表现更好的孩子，以便让他们回到正轨。

高二那年，我选修了一门我不喜欢的历史课。坚持了一个月后，我还是去找我的高中辅导员要求换课。她说，除了一个天才学生项目外，所有的课程都满了。她还告诉我，测试显示我的智商不足以参加这个课程。在我强烈表达了对现在这门课程的厌恶后，她终于让步了。她给我重新安排了一次智商测试，考试的时间限制是 3 个小时。垂头丧气的我参加了考试，然后不情愿地回到了我无聊的班级。第二天，辅导员把我叫到她的办公室。她一脸震惊地告诉我，我的得分超过了 99% 的被测试者。她以前从未见过有人能提高自己的智商。但问题是，他们几乎从未给过学生第二次测试的机会。

智商会产生一种自我形象，影响你的人生。它可以决定你的目标，你的事业，甚至影响你对自身能力的判断。你能想象孩子们被告知自己的智商不足以考上医学院或工程学院时，他们是怎么想的吗？

固定型心态

当你觉得自己受到当前的天赋和能力的限制，你的潜力就会被限制。德威克将这种情况称为"固定型心态"。拥有固定型心态的人相信他们永远不可能成为爱因斯坦或贝多芬。他们推断，如果他们有天赋，有人会在他们年轻的时候发现这种天赋。这种心态之所以有如此局限性，是因为如果你的梦想是成为一名物理学家，而你被告知你没有任何天赋，你就会失败。如果你失败了，你将被拒绝。如果你被拒绝，你会觉得自己是个失败者，那么为什么要尝试呢？因此，固定型心态会限制你认为你能完成的事情。这将降低你的期望，并限制你的目标甚至生活方式。

有趣的是，查尔斯·达尔文和伟大的俄罗斯作家列夫·托尔斯泰儿时都是普通人。没有人将他们挑选出来，说他们有朝一日能成为超凡成就者。就连有史以来最伟大的高尔夫球手本·霍根，在孩童时代也是个肢体完全不协调的孩子。弗雷德·阿斯泰尔曾经参加过一次试镜，导演告诉他，他给观众留下的印象不算深刻。阿斯泰尔一直保留着从米高梅试镜导演那里得来的评语，上面写着"不会演戏，有点秃头，会一点舞蹈"。就连伟大的篮球运动员迈克尔·乔丹也曾被他的高中校队踢出。

心态制胜
New Mindsets New Results

乔丹曾经说过，"我一生中失败了一次又一次，这就是为什么我成功的原因"。

虽然智商测试可以衡量被测试者当下的学习能力，但是不能衡量一个人十年后的智力水平。过去，许多心理学家认为人们总是高估自己的才能和能力。事实正好相反。研究表明，人们实际上很难估计自己的能力。事实上，你很可能会大大地错误估计你的表现和能力。拥有固定型心态的人最有可能低估自己的能力。

智商的奇怪之处之一是它真正衡量的是什么。比奈希望给学生更好的学习成果。但是智商并不能衡量你将来有多聪明。具有成长型心态的人很快意识到智商是一时之事，而不代表未来。那些有固定型心态的人固执地认为他们测得的智商就是他们永远的智力水平。

心态的悲剧之一是它会影响教师对学生的期望。如果教师认为学生智商高，他们会以不同的方式与学生互动。如果老师认为学生的智商低，老师就会降低期望值。当我被调到天才学生班时，情况确实如此。那里的教师比那些低智商班级的教师更富有挑战性和参与感。天才学生的老师都认为，他们是在培养下一个脑外科医生和火箭科学家，他们的目标不仅仅是让他们的学生顺利毕业走出校门。

有许多关于天才学生在学校惨败的故事。爱因斯坦一度辍学。微软的比尔·盖茨和脸书创始人马克·扎克伯格也曾从哈佛退学。

电影《为人师表》（*Stand and Deliver*）里的老师有不同的想法。加菲尔德高中是洛杉矶最差的学校之一。但数学老师海梅斯·埃斯卡兰特认为所有的学生都能取得优异成绩。他认为每个学生都能拥有成长型心态。他关心的不是"我能不能教这些学生"，而是"我该如何教好这些学生"。他把精力集中在如何把学生教好，而不是操心学生们能不能学会。他不仅教他们微积分，而且把这个班带成了全国最好的数学班。他的学生都收到了大学的录取通知书。在埃斯卡兰特之前，许多老师认为这些学生不值得他们浪费精力，因为他们觉得这些学生不会学习。

我经常听到有人感谢信任他们的老师，感谢那些愿意多花时间和精力帮助他们学习的老师。可以想一想，如果你所有的老师都采取这种态度，你的生活会如何改变。这就是伟大的老师如此特别的原因。他们相信的不是你现在是什么，而是你可以成为谁。他们拥有的并非固定型心态，而是成长型心态。

德威克还认为，那些具有成长型心态的人们相信，通过努力和专注，他们可以获得他们想要的东西。那些有成长型心态

心态制胜
New Mindsets New Results

的人相信，当他们在课堂上更加努力时，他们会取得更好的成绩。如果他们在驾驶汽车时更加小心，就会减少事故的发生。如果他们更加努力学习，上研究生课程，他们就会在自己的事业方面取得进步。成长型心态的人相信他们可以更加努力地改善自己的生活。固定型心态的人认为他们对生活无能为力，他们的命运是早已注定好的。

霍华德·加德纳的著作《非凡的头脑》（*Extraordinary Minds*）里曾提到，杰出人士拥有发现自己的优缺点的特殊才能。成长型心态的人知道他们在哪些方面做得很好，在哪些方面会受到更大的挑战。与固定型心态的人不同，那些拥有成长型心态的人相信自己的优势和劣势都是可以增强的。

迈克尔·乔丹似乎是那种典型的自带天赋和能力的人。他注定会走向伟大。佳得乐的商业广告"像迈克尔一样"吸引了一代人的目光，他是个穿着篮球鞋的神童。没人敢说他不特别。但乔丹曾经说过，"我和其他人一样"。他并不特别，他之所以能取得成功，是因为他在发展自己的能力方面付出了非常多的努力。他并非天生就比别人优秀。正如我们所看到的，1978年，当乔丹15岁的时候，他被高中篮球队裁员。他只有5.1英尺（约155厘米），甚至不能扣篮。组成球队的15名球员可能更有先天的优势。乔丹摆脱了固定型心态，并且继续成长。

第二章
心态与改变

在我长到 180 厘米后，我也曾被我的新生篮球队裁员。但与乔丹不同，我没有再继续打篮球。15 岁时的我并不知道什么是成长型心态。

在一个固定型心态的世界里，失败代表着你的才能和天赋有局限。在成长型心态的世界里，失败只是一个小小的减速带，是通往目的地路上的一个阻碍。不理想的成绩是你追求卓越路上的小挫折。输掉一场网球比赛，是接近赢得下一场比赛的减速带。

但是，固定型心态和成长型心态之间存在一个显著的差别，那就是努力。在固定型心态的世界里，成就不需要付出太多的努力。在成长型心态的世界里，努力可以让你变得更聪明更有才华。社会学家本杰明·巴伯曾经说过，他不会把世界分为成功和失败，而是把世界分为学习者和非学习者。

是什么让你成为非学习者？有一个原因是习得性无助（learned helplessness）。年幼的孩子不会在学习走路的时候放弃。当他们咿呀学语时，也不会因为说话不流畅而让自己停下来。他们只管向前冲。只有当我们拥有自我意识时，我们才开始认识到努力不值得。

我女儿凯瑟琳 10 岁的时候，我让她加入了一个课后女子垒球队。她不是队里最好的球员，但也不是最差的。但是她经常抱怨她和其他女孩相比有多糟糕。她认为自己没有成为好球员的天赋。我一直强调与队里最差的女孩相比她有多好，但那无济于事。最后她放弃了，我也同意了。

固定型思维的人仅仅把努力看作是他们自身才能的证明。成长型思维的人把努力当作迈上新台阶的踏脚石。悲观是固定型思维的人失败的一大原因。他们总会想，我知道这行不通！真不敢相信我浪费了所有的时间！我本可以做点别的！

我最好的球友沃伦曾经打过一场混合双打比赛，与他配合的是一个相对较弱的球员，他们输得很惨。沃伦是一家大公司的股票经纪人，他富有魅力而且很幽默。但是那天输掉比赛后，他失望地表示，"那是我生命中永远不想再回顾的两个小时"。沃伦只是在开玩笑，但这却是固定型思维的人常见的想法。他们不认为挫折是通向成功的垫脚石，而是将其视作对精力的浪费。

下面的陈述可以帮助确定你是一个拥有固定型心态的人还是成长型心态的人。接下来，请思考您是否同意以下观点：

1.你的智商是设定的，你不能过多地改变它。

2.你可以学习新的技能，但你不能改变你的才能水平。

3.无论你的智商或天赋是什么，你都可以随心所欲地改变它。

4. 你可以大大改变你的智商。

你是怎么回答这些问题的？对问题 1 和 2 的回答"是"表示你拥有固定型心态。对问题 3 和 4 回答"是"表示你拥有成长型心态。你也可以是固定和成长型心态的混合体，尽管大多数人都倾向于一种。

想一想你身边那些固定型心态的朋友。他们总是试图证明自己，并避免犯错误。你是这样的吗？你曾经这样吗？

在想一想那些成长型心态的人。他们相信才能和能力是可以培养的。想想他们是如何面对挫折和障碍的。他们相信自己可以克服任何障碍。他们把挫折看作是自我延伸的机会。你是这样的吗？你是如何面对障碍的？是选择回避，还是把它们看作是挑战，从而帮助你渡过下一个难关？

固定型心态的人存在一个问题，当他们成功时，他们可能会感觉优越。他们觉得自己的能力比别人强。这会导致一种自我限制。因为当他们失败时，他们的优越感变得岌岌可危。他们可能会开始指责和找借口，然后放弃。

约翰·麦肯罗可能就是固定型心态的人。在他的著作《你不是认真的》（*You Cannot Be Serious*）中，麦肯罗表示自己不爱学习，也没有在挑战中茁壮成长。他承认自己没有发挥自身潜力，但他确实相信自己的巨大天赋，仅凭着天赋就使他连续四年成

心态制胜
New Mindsets New Results

为男子网球的世界第一。

在一次宴会上，约翰·麦肯罗不小心吐在了一位接待他的日本女士身上。这位尊贵的女士鞠躬道歉，并在第二天送给他一份礼物。麦肯罗凭借固定型心态的优越感说，"这就是成为头号人物的感觉"。

明尼苏达维京人队前防守球员吉姆·马歇尔经历过这样一场尴尬的比赛。在和旧金山49人队的对阵中，马歇尔在观众的欢呼声中迅速捡起球然后带球触地。问题是他跑错了方向，反而为对方球队进球得分。更糟糕的是，这场比赛是国家电视台转播的比赛。这是他一生中最具破坏性的比赛。但是，拥有成长型心态的马歇尔是这样想的："如果你犯了一个错误，就必须改正错误。"他意识到自己还有选择。他可以沉浸在痛苦中，也可以做点别的什么。重振精神的他在下半场赛出了他职业生涯中最好的水平。明尼苏达维京人队最终打赢了那场比赛。

我们都喜欢白手起家，从失败到成功的故事。而且创造成功的过程也可以被应用到我们的生活中。有了成长型心态，你就能从中学习成功之道。守着固定型心态，你就容易陷入失败的苦痛之中。

想象一下，你在全班同学面前回答老师的问题。你给出的答案是错误的。如果你拥有的是固定型心态，你也许会感到自尊心受挫。错误的答案让你的威望和形象都处于危险之中。你会感到尴尬吗？你的自信会受到打击吗？有了成长型心态，一切会大不一样。你不是老师，而是学习者。没有人会期望你知道老师知道的一切，而你可以从犯错中发现问题。当你的错误被纠正时，你可以从中吸取教训，这样你才能在将来取得更好的成绩。你是哪一种人？是自尊心受挫的学生还是从失败中吸取教训的学习者？

双重心态

你可能认为自己的心态不完全是成长型也不完全是固定型。我也和你一样。当业务出现不顺时，我会想着为经济放缓做准备。当我获邀在成千上万的人面前发表演讲，我会认为他们之所以邀请我，是因为我是美国最聪明、最好的演讲者之一。然而这两种心态都不正确。当我的业务出现不顺时，我可以和去年联系过的人重新接触，以此获得新的动力。当我获邀参加一场重要演讲时，我需要意识到，他们之所以选择我是因为我工作努力，而我需要以同样的努力准备演讲。

文斯·隆巴迪曾经说过，"成功不是永恒的，而失败永远不会致命，区别在于尝试的勇气"。这是一个很难学到的教训。

不以物喜，不以己悲。成长型心态意味着你可以努力克服挫折。固定型心态则会让你觉得，如果伟大的事情没有发生，那是因为你不够好。尽管现在你可能兼具固定型心态和成长型心态，但你可以以一种促进发展的心态取代固定型心态。

印第安纳队前主帅鲍勃·奈特是拥有双重心态的典型代表。奈特是一个极其善良的人。他曾经放弃了成为高薪体育解说员的机会，只因为他的前队员遇到了麻烦。整个休养期间，奈特一直待在这位球员身边。当他于1984年洛杉矶奥运会上执教美国国家队时，他坚持把球队的荣誉归于教练亨利·伊巴，因为他认为亨利从未获得自己应得的尊重。

但奈特有另一面，固定型心态的一面。正如作家约翰·范斯坦在《边缘赛季》（*A Season on the Brink*）中写到的，奈特无法接受和处理失败。他会把每一次失败揽在自己头上，把每个人的无能看作自己的无能。每一次损失都是不可接受的。他没有从失败中成长，而是被挫折摧毁。如果他认为某个球员没有发挥出自己的潜力，那么他将不允许这个球员再回到队里，而且认为此人不再值得尊重。有一次，当他的球队打进全国锦标赛的半决赛后，一位采访者问奈特他最喜欢球队的哪一点。他说："我最喜欢这支球队的地方在于，我只需要再看他们打一场比赛就好。"见惯了奈特行事作风的助理教练会提醒队员们不要理会奈特的嘲笑。他们会说："别理他，他不是认真的。"

奈特的火爆脾气是出了名的。他曾经把椅子扔到球场上。有一次，他拽着一名球员的球衣把他从球场上拽下来。最糟糕的是，他还曾经掐过一名球员的脖子。鲍勃·奈特表示这是为了强化他的球员，让他们为高压力的比赛做准备。这种固定型心态、强硬的辅导体系有时的确能奏效。奈特坐拥三支冠军球队。但在更多的时候，固定型心态似乎并没有这么有用。他的球员经常会转会，如以赛亚·托马斯，选择提前进入专业队伍。奈特的问题在于，他以成长型心态对待球员，对自己却持有固定型心态。他相信他的球员会变得伟大，但是任何削弱自己能力的东西，比如输球，对他来说都是无法接受的。

这种固定型与成长型心态相结合的双重心态可能符合我们中的大多数人。在某些方面，我们支持我们的孩子，相信他们能做任何事。但是如果他们犯了错误，这就反映了我们自身的无能及教育方法的不足。我们相信自己的员工或同事具有巨大的潜力。但是，他们犯错误会反映我们管理不善，我们斥责这个人，却没有考虑过他们未来的发展。这又是一个固定型和成长型心态的组合。最好的改变方法是在限制人的过程中抓住自我，而不是利用一切机会帮助他们成长。

你如何面对挫折？你胆子足够大吗？还是会因为挫折手足

心态制胜
New Mindsets New Results

无措？你是否能满怀信心地看待挫折，自信能通过努力走出困境？拥有固定型心态的人常常会将挫折视为能力缺乏的表现。一项心理学研究显示，那些拥有固定型心态的人如果在一门考试中表现不佳，即使这门功课是他们喜欢的课程，他们对这门课的热情也会减少，并且会考虑在下一次考试中作弊。一旦一个拥有固定型心态的人遇到挫折，他们会认为这样的挫折暴露了他们有限的能力。成长型心态的学生哪怕成绩不如意，也会努力学习以应对下一次挑战。你也许听说过"愈挫愈勇"这个词，但是可能从来没有人告诉你，这只适用于那些成长型心态的人。

在另一项心理学研究中，遭遇挫折的学生失去了兴趣和信心。随着难度的增加，他们的责任感和快乐也减少了。正如我在前面一章中提到的，心理学家把难题交给 10 岁的学生，一个学生说，"我喜欢挑战"，而另一个学生说，"我希望这题目算得上是挑战"，你认为谁在考试中表现得更好？

这一切说明了固定型心态的人更喜欢表面上的好，而不愿意学习如何变得更好。在无法保证结果的情况下，他们是抗拒努力的。他们也许会在最需要努力的时候放弃努力。

几年前，我看了电影《点球成金》。它讲述的是由比利·比恩（由布拉德·皮特饰演）管理的奥克兰运动家队的故事。比恩自诩为一个天生的棒球运动员。但是像许多职业运动员一样，

第二章

心态与改变

他也遭遇了无法挽回的挫折。他相信让他功成名就的是能力，而非艰苦的训练。幸运的是，比恩逐渐从固定型心态转向成长型心态。他带领球队在最低预算下多次赢得破纪录的胜利。

比恩的球队有一个统计大师，可以计算出每个投手与每个击球手成功的概率。他们用数学建模的方式，逐渐开始挖掘高上垒率的潜在明星，这是量化理论在体育中的最早应用。

电影中我最喜欢的台词是，比恩告诉统计员要解雇一个球员。统计员问："我要怎么做？"比恩说："你觉得你应该怎么解雇他？"统计员说："我想我会告诉他，我们是多么感激他的努力，有多么重视他，对于他的离开，我们是多么遗憾。"比利·比恩转动眼睛说："如果有人朝你开枪，你是选择胸部连中五枪还是一枪直击头部？"在下一个场景中，统计员只是简单地对即将被解雇的球员说："我们把你转会到亚特兰大。"这是你的飞机票。祝你未来顺利。"被解雇的球员只说了一声"好了"便离开了。我喜欢这个故事的一点在于，我们总是觉得我们的雇员非常脆弱，很难接受坏消息。但我一直相信，直言不讳总比绕弯子要好。

心态与潜能

许多职业运动队的球探都致力于寻找自带天赋的球员。他们总是青睐于那些看起来像超级明星的运动员。如果这些运动员没有明星相，就很容易被忽略。本·霍根是有史以来最伟大的高尔夫球手之一，但是他没有鲍比·琼斯的风度；卡修斯·克莱（也就是后来的穆罕默德·阿里）没有一般重量级拳击手的臂展、胸部扩张力和举重能力。事实上，在1964年对阵索尼·利斯顿的冠军争夺战上，人们并未对他抱任何希望。利斯顿比克莱高7.62厘米，臂展也比克莱的长10.16厘米。当第8声铃响时，克莱退到他的角落，准备退出战斗。但他的经理人安吉洛·邓迪对他喊道："请继续战斗，你马上就要赢了！"克莱已经精疲力竭了，他甚至开始解手套。但邓迪鼓励他再去打一轮。他说，利斯顿累了，体力也消耗了不少，而且还狠狠地挨了揍。克莱所要做的就是站起来再打一轮。铃响时，邓迪拽着克莱的短裤把他从椅子上拎起来，甚至用膝盖在他背部顶了一下，把他往前推了一步。就在这时，伴随着铃声，利斯顿放弃了比赛，卡修斯·克莱最终赢得了这场战斗。

索尼·利斯顿本应该赢得这场比赛，他的身体条件更好，体魄也更加强健，看上去更像一个好的拳击手。但是多亏了克莱对胜利的渴望以及邓迪的鼓励，才有了世界上最好的重量级拳击手——穆罕默德·阿里。

不可能的成功

跑卫（美式足球中带球进攻的球员）达伦·斯波罗斯是另一个很好的例子。他曾创下过圣迭戈闪电队的抢断纪录。为新奥尔良圣徒队效力时，他的表现其至更加出色。但是当我告诉你，斯波罗斯只有172厘米时，你应该会感到震惊。你可能认为，只要防守后卫伸出手臂就能把斯波罗斯击倒。但是比起大个子球员，斯波罗斯有着对胜利的强烈渴望、高尚的职业道德和迅敏的速度。他的敏捷和把握进攻漏洞的能力使他成为联盟中最好的后卫之一。

简而言之，你对自己的看法会极大地影响你的生活方式。你的心态可以决定你是否能成为你想成为的人，并实现你的梦想。

chapter 3

第三章

如何培养注重结果
的心态

心态制胜
New Mindsets New Results

认知心理学是我研究生期间的研究重点。为了更好地了解这个领域，我们可以拿计算机代码来比喻。创建每个代码时，编写者都需要考虑到结果。最终的计算机程序是数千行使计算机得以工作的代码的集合。心态也是如此。你的心态是由你创建的数百万行代码组成。你的心态产生的行为反过来造就了你在生活中所经历的结果。

到目前为止，我们已经谈到了什么是心态，甚至讨论了为什么发展外向型心态是至关重要的。我们谈到了心态创造行为，而行为反过来造就习惯。我们还谈到了你的信念和价值观如何影响你的思维和态度。但是你之所以在读这本书，是因为你希望拥有一种更具建设性、更外向、更注重发展的心态，以此提高你的能力。换句话说，就是你想要改变。

我不得不承认，我从来不相信人会改变。在研讨会上，我通常花至少 15 到 20 分钟谈论人们不会改变的事实。今年结婚的美国人中，62%的夫妻将在十年内离婚。第二次婚姻会是什么情况呢？你认为这个百分比会更高还是更低？没错，要高得多。第二次婚姻在十年内的离婚率高达78%！你想知道第三次婚姻的离婚率吗？这一次，在十年内的婚姻的离婚率下降到36%。这可能是由于人们意识到他们已经搞砸了两次婚姻，所以会努力避免第三次婚姻的失败。

监狱里的犯人在出狱后五年之内，再犯的概率高达83%。我不认为监狱里的伙食好到能让犯人们迫不及待地回来。我认为这是因为人们很难做出改变。就这个问题，我可以滔滔不绝地讲上几个小时，但其实不用多说。你的个性、价值观、道德观，甚至你如何看待事物都是在你7岁的时候就已经形成了。伟大的发展心理学家皮亚杰曾经说过："个性的培养和形成发生在2岁到7岁之间。"

但是不要气馁。虽然我相信人们很难改变他们的心态，但他们可以学习如何改变。越是努力应用所学的东西，你就越能培养更好的心态。

"注重结果的心态"指的是把外向型与成长型心态相结合，并为你提供最佳服务的心态。拥有外向型思维的人知道自己的决定会影响他人。忽视别人的感受，你就无法保持健康且富有成效的心态。同时，成长型心态可以持续激励你，让你相信只

心态制胜
New Mindsets New Results

要你足够努力，任何事情都是有可能的。成长型心态让你变得乐观，并提醒你，你的基因和天赋在你的成功中只占很小的一部分。

注重结果的心态就是成长型和外向型心态的结合。这种心态让你铭记最终的结果。遇到挫折时，即使你很沮丧，注重结果的心态也可以激励你并且帮助你保持积极的态度。注重结果的心态不仅可以帮助你从错误中吸取教训，正如成长型心态一样，它还可以帮助你将这些教训应用到实现特定目标的过程中。

几年前，我在金融服务行业的一次路演上发言。我与举办研讨会的这家公司合作过多次，于是询问负责人我是否可以邀请我的一位本地客户来参加这场研讨会。然而不巧的是，这位客户是这家公司的竞争对手，并且不合时宜地试图招募坐在他旁边的与会者。直到下个月在波士顿举行的另一个研讨会上，我才听说了这个违规事件。那位负责人指责我让我的客人来偷她的生意。我表示这是一个令人发指的指控，因为我每年为她的公司举办五十多场研讨会，怎么会如此轻易地破坏双方的合作？但她并没有退缩，在我的自辩中，我看到了危机。于是我询问她，我要如何重建信任。我们最终决定免除在波士顿的一次演讲费用。我问她，这件事能否就这样解决了。她同意了。

一个月后，同一家公司的另一位负责人从芝加哥打电话给我，取消了未来的三次演讲。据说，波士顿的负责人在一次全国性的公司电话会议上指责我破坏了她的生意。这个负责人正是让我免除演讲费用的负责人。这显然是欺诈。这种违规是有害的。如果我的心态是固定的，也许只有责备对方才能让我好受一些。若是拥有成长型心态，我将会更加努力地工作。然而，拥有注重结果的心态的我通过这次挫折促使我不断提高自己的创造力，从而避开这家公司。即使这家公司曾经给了我许多生意，并且帮助我朝着一个新的方向实现我当年的目标。从那时起，我学会了永远不要依赖一家公司或一个行业。我还学会了要更加小心地选择参加会议的客户。不仅如此，我对客人们可能带来的任何冲突都更加敏感。

我们都有过受委屈或被轻视的经历。但是，拥有了注重结果的心态，我们就可以吸取这些教训，更有效地实现我们的目标。我们所有人都可以学会提高工作效率。你如何成功？通过获得智慧。你如何获得智慧？从错误中吸取教训。你如何从错误中吸取教训？通过犯错。

重塑你的心态

重塑是一种可用于开发注重结果的心态的技巧。正如我在《意志》（*Willpower*）一书中所写的那样，现在你可以做一些非常具体的事情来创造一种更有效的心态。

重塑的工作原理就如同框住图片的画框。一个丑陋的画框可以使任何图片看起来都很糟。相反，一个美丽的画框可以使平庸的图片看起来更好。在某些情况下，画框使图片看起来比它本身更好。重塑建立在一个概念之上：即你的生活中没有好事或坏事，有的只是你自己的感知。

关于一个人对结果的看法，我最喜欢的故事是电影《查理·威尔逊的战争》。电影讲述的是里根政府时期，疲惫不堪的国会议员查理·威尔逊（由汤姆·汉克斯饰演）如何帮助阿富汗战士在 20 世纪 80 年代击败苏联。

已故的菲利普·塞默·霍夫曼在电影中扮演了一名中情局官员，他告诫威尔逊不要相信自己做了光荣的事情。为了说明这一点，他讲述了一个禅宗大师的故事。禅宗大师发现村民们都在庆祝一个小男孩得到一匹小马。"福兮祸之所伏。"禅师说。后来，男孩从马上摔下来，摔断了一条腿，每个人都说这匹马是诅咒。"祸兮福之所倚。"禅师又说。接着战争爆发了，男孩因为伤病不能被征召入伍，现在每个人都说这匹马是一个吉祥的礼物。禅师又说："不妨拭目以待。"我们讲这个故事的寓意是，你可以重塑你对结果的看法，你可以改变你的心态，你可以更改结果。

重塑不完全是肉眼可见的，它其实是重新思考或重组你对概念或想法的看法。例如，如果你决定早上 7 点上班，你首先想到的可能是，"如果我早点上班，我会感到疲倦"。为了重塑这个想法，你可能会想，"如果我 7 点上班，就可以不间断地多做两个小时的工作，这反过来会帮助我更有效地实现目标"。

我曾经有一位飞行员朋友。他的情绪画框就是他的飞行生涯。他的人生似乎是围绕着飞行以及飞行相关的事情展开的。看到有关巴黎的报道时，他会谈论最近的一次巴黎之行。如果大伙儿讨论起食物，他会聊起航空美食。

大多数人不会把他们的思想塑造到这种程度，但我们都以一种或限制我们或赋予我们力量的方式看待生活。虽然我的朋友通过飞行的滤镜看待自己的经历，但这无疑帮助他达到了成为一名优秀的飞行员的目标。他美化世界的方式使他的工作变得令人愉快，因为他眼中的整个世界仿佛都与飞行有关。

你可以使用重塑法来培养注重结果的心态。重塑的关键是把积极的经验与你的目标或目的联系起来，并忽略障碍，或者至少把障碍看作是学习的机会。如果你能做到这一点，你将能更好地控制你的生活。

环境重塑与内容重塑

两种类型的重塑，可以使你的态度由消极变为积极，它们分别是环境重塑和内容重塑。

环境重塑

环境重塑是指你有能力在特定的时候把消极的情况转变为积极的情况。例如，假设你的航班因天气原因延误了 4 个小时。你可能会像大多数乘客一样恼火，也可能因此得到 4 个小时的工作机会。固定心态的你也许会诅咒航空公司，但是有了注重结果的心态，你会爱上建设性地利用额外时间的机会。

不久前，我曾被困在全美航班延误率最高的纽瓦克机场。听到美国联合航空公司的航班被取消时，乘客们大多怒不可遏。我没有生气，而是在电源插头旁边找到一个座位，开始写这本书。能有时间做一些工作，我真的很高兴（一家旅行网站最近的一份报道显示，只有15%的旅行者会利用旅行的空隙完成工作。大多数的乘客都只会睡觉或发呆）。

我在飞机上写了4本书。如果我的所有航班都准时，这是不可能完成的。如果我没有利用可利用的额外时间，这也不可能完成。重塑不仅仅是把柠檬变成柠檬汁，而是把你的经历视为挑战，并把它们转化为对自己有利的事情。

3M公司生产的一种黏合剂曾一度出现耐久性差的问题。这家公司的目标是销售更多产品，但产品的缺陷导致销售量下降。虽然黏合剂不能永久黏合材料，但是可以暂时黏在物体表面。一位研究人员使用重塑法，将一点点黏合剂放在一张纸的背面，使其能够粘在几乎任何表面。这种黏合剂能不能被应用到哪个领域？你猜对了——便利贴就这样诞生了。

下面是环境重塑的另一个示例：

从前有一个农民养了一头老驴。驴子掉进了农民的井里。农夫听到那头驴的呼救。经过简单的评估后，他觉得这头驴子和这口井都不值得他花费时间与精力。他叫来了自己的邻居，告诉他们事情的经过，并请他们帮忙铲土把老驴埋在井里，使它不用再感受痛苦。

起初，驴子强烈地反抗。但是当农夫和他的邻居们继续铲土，泥土击中驴子的后背时，一个念头击中了它。土落在驴子的背上后，它会把土抖落，然后上一个台阶。它一遍又一遍地这样做。抖落身上的土，然后上一层；抖落身上的土，然后上一层；抖落身上的土，然后上一层……

不管情况看起来多么痛苦，驴子都战胜了恐惧，不停地抖落身上的土，然后上一个台阶。

没过多久，那头被折磨得筋疲力尽的老驴胜利地从枯井里走了出来。看似会埋没它的举动实际上救了它。这一切都是因为它处理逆境的方式。

内容重塑

第二种类型的重塑是内容重塑，即改变事件对你的意义。例如，基督徒不会把死亡看作生命的终结，而是看作在天国的新开始。

以一位芝加哥的企业家为例。他现在的生意很成功，坐拥几家生意兴隆的热狗商店。而他把他的第一次商业失败看作是他接受过的最严格的教育。

想想你推迟的项目，也许这就像修理家具。你可以把这项工作看作是占用你看体育节目的时间的麻烦事儿，也可以选择一边修理家具，一边用收音机听比赛，享受比实际观看电视节目更多的乐趣。

这个技巧是有效的。你只需要不再将修理家具看作是一件负面的事，而是把它转变为一件可以让你乐在其中的事情。你甚至可以重塑一个印象。这样做的话，你对可怕的经历的态度将会改变。这种技巧是不是很简单？想想你上次做园艺的经历或者另一件你总是推迟的家务。你是不是在很长一段时间内都刻意避免做这件事？但是在做完这些事以后，你的体验是不是也没那么糟糕呢？

我的朋友体育评论员特里·布拉德肖曾经想要做一名励志演讲者。他把从球场和演讲台上学到的东西搬到了体育电视台，以能够实现目标的方式重塑了他的态度和形象。他知道自己不像伟大的篮球解说员约翰·伍德那样口若悬河，没有明尼苏达维京人队四分卫弗朗·塔肯顿那样的演讲天赋，也不像华盛顿红人队四分卫乔·蒂斯曼那样注重细节，但他确实拥有足够的热情。他创造了一种让每个观众都能被感染的方式去传递他的热情。

重塑和简单地保持积极态度的区别在于新思想的持久性。如果你用新的积极观点取代旧的消极记忆，过去的事情将不会限制你未来的成功。这反过来将帮助你改变你的心态。

情绪、行为及记忆的重塑

情绪、行为和记忆也是可以被重塑的。这项技能基于对约翰·格林德和理查德·班德勒最先开发的神经语言编程（NLP）的理解。NLP 理论认为，你的无意识会控制你如何体验和感知过去的记忆以及当前发生的事。它控制着各种习惯与行为，使你去思考更重要、更紧急的事情。例如，当你看到停车标志时，你并不会有意识地告诉自己要刹车，但你还是这样做了。你不知不觉地这样做，让你可以有意识地思考你周围的风景、人或对话。

然而，这种无意识的习惯可能并不总是对你有好处。在某些情况下，例如当你尝试节食时，你的心态可能会转向内向，变得消极。几年前，我跟一位减肥有困难的女士聊过。她尝试了她能想到的全部的节食方法，但仍然没有任何效果。经过交谈，我得知她十几岁时曾被人凌辱过。那段记忆到现在都一直折磨着她，由此产生的自卑感始终伴随着她。她曾经很迷人，可是25 年后，她改变不了糟糕的自我形象。这种极低的自我认同感让她觉得减肥是不可能的。额外的重量更是加深了她糟糕的自我形象。变瘦违反了她对自己的认识，所以她无法减肥。

第三章

如何培养注重结果的心态

和这位女士一样，我们需要找到办法来影响我们的无意识，使它支持我们的目标。为了做到这一点，我们首先需要知道你是如何处理信息的。神经语言学家认为，人们基本上会以三种不同的方式来感知世界：图像、声音或感觉。

依靠图像的人通过在头脑中构造或回忆画面来理解世界。如果他们无法在头脑中对你说的话形成画面，他们可能很难清楚理解你的想法。

依靠声音的人主要根据所听到的内容做决定。他们根据人或物的声音来理解他们听到的内容。他们经常自言自语，以便理解信息。

依靠感觉的人看重内在反应。在仅仅几分钟的互动之后，他们可能会对你形成某种看法，许多人称之为直觉。如果你知道自己是用何种系统来感知世界的，你能改变你的心态吗？当然可以。以下方法侧重于你的无意识心态，帮助你重塑你的情绪、行为和记忆，使它们更支持注重结果的心态。

以下是重塑情感、行为和记忆的四步法。采取这些方法，你将会提高你的心态。

1.明确你想要改变的行为或想法

很多运动员依靠图像思考。我的许多网球伙伴告诉我，他们会在球场上选择发球地点。当他们击球时，也会想象网球的

心态制胜
New Mindsets New Results

运动轨迹。

如果你想以不同的方式击球，你可能会想象网球离开球拍后的旋转，而不是专注于握球拍的方式。你可能会想象球拍从球的侧面掠出，可能想象网球像橘子一样被你的球拍剥落，也可能想象球直接落到球场的另一边。这个例子说明了我们可以在任何可能的任务中使用可视化处理方式。

1977 年，我在奥地利林茨打过一场难度颇大的职业巡回赛。此前，我只在红土球场上比赛过几个月，不平坦的场地让我难以施展身手。我习惯于硬地球场，在红土球场上，我的发球力度和速度会受到影响。黏土表面会抓住球，减缓球的运动。我越是努力击球，犯下的错误就越多。我连续输了五场比赛，彻底绝望了。我刚读完蒂姆·加威的一本书，书名是《网球的内在游戏》（*The Inner Game of Tennis*）。加威是网球届的宗师。他的不二法门在于，别一心想着你的击球，而是关注结果。这种技术与当时的任何教学方法都不一样。我当时很绝望，已经为接下来要发生的任何事情做好了准备。毕竟，如果我继续犯同样的错误，就会输掉比赛。

我在黏土表面挑了一块鹅卵石，准备以此为发球落地点，然后让它弹出。我的球落在目标几厘米之内，这让我从当天的对手——德国全国冠军那里拿下了一分。我的下一个发球是个旋球，而且飞得很高，让对手措手不及。

结果：我的发球质量得到了迅速提升，我赢得了比赛。之所以出现这种情况，是因为我更专注于结果和目标，而不是达到它们的方法。方法总是重要的，但有时我们过于强调技术和过程，让自己处于瘫痪状态。

2.使用无意识的信号来确定自己想要避免某个行为的深层原因，以此改变习惯模式

很多时候，我们的习惯行为和想法都是不协调的。解决这个问题的方法就是让自己完全放空，然后提出一个你正在寻找"是"或"否"的答案的问题。区分行为本身与行为背后的原因之间的差异。使用无意识的信号，可帮助你回答这个问题。

明确一种更符合你目标的新行为。让你的无意识来帮忙，以"是"或"否"的问题为指导。

明确这种新行为是否适合你。同样，使用"是"或"否"的问题作为参考线。例如，在我们前面的示例中，那位女士继续尝试减肥，但她的无意识并不支持这个目标。通过第一个步骤，她会知道她最想要改变的行为是自己的饮食习惯，而"变瘦"是她有意识地想要达成的目标。

下一个步骤是从无意识中得到关于这个目标的信号。接下来，进入无意识的关键是用"是"或"否"来回答你的问题。

清空你的头脑，把这些问题交给你的无意识。答案无论是否定的还是积极的，都不要说出来。它更多的是一种图像或感觉，也可能是一种声音。

这是因为无意识最常发出的信号是基于我们占主导地位的心态的。例如，如果你最强大的模式是依靠图像，请被动地感知头脑中的图像信号。这些图像是明是暗，是大是小？你的无意识可能通过改变这些图像来向你发出信号。无意识可以让图像变小，向你发出"否"的信号，它也可以让图案变得更明亮，向你发出"是"的信号。有些人甚至会在脑海中看到一个闪烁的"是"。

如果你想减肥，你能想象出自己变瘦的样子吗？这个形象是否如你想象的那样美丽？瘦弱的身体形象是明亮而巨大，还是昏暗而渺小的？如果这个形象昏暗而渺小，你的无意识可能不支持你的减肥计划。

如果你的主导模式是声音，请对噪音多加留意，比如铃声或其他声音。出现不同意见时，你脑海中的声音会变大还是变小？你能听到别人说你瘦了吗？还是说，你听到人们嘲笑你过于枯瘦？

如果你最强大的模式是感觉，那么请注意身体的感觉。你可能会意识到自己手指的刺痛，你的腿可能会因为回答你提出的问题而变暖。你也许能感受到自己的肠道在蠕动。对于瘦身，你是感到兴奋，还是会因为瘦身要付出许多努力而恐惧？所有这些信号都是常见的，但你可能会察觉到其他的信号。当你回答"是"或"否"问题时，只需要努力察觉你的无意识想要发出的信号就可以了。

你可能会觉得，在评估目标时留意你的主导心态是多么愚蠢。但事实上，你一直是这样做的。在买东西之前，你也许会听到脑子里有一个声音告诉你，这些东西不是你想要的。你会把遇到的问题视觉化，找到了自己想要的答案。我描述的技巧只是把神经语言处理植入到你已经在使用的流程中。

深入无意识可以帮助你明确你不想继续某种行为的深层原因，提出你的问题，然后警惕主导模式给出的答案。想减肥的女子发现超重对她而言有个意外收获，偏胖的身材可以削弱来自男性的注意力。通过自问，她确定是她的无意识在抵制减肥，因为超重可以把她从约会的压力中解救出来。

要让你的无意识不再影响你，你需要认识到它在做什么。然后，你要知道除了不受欢迎的行为之外，是否有其他方法来保护你免受感知威胁。同样，你可以使用一系列"是"和"否"的问题来了解这些备选方案。

对于这位超重的女士来说，她可能会问她的无意识："不与任何人约会是否能让我免受约会的压力？"她还可能会问："约会真的那么可怕吗？"

这就是我们这套方法的运作过程。提出发生在意识流里的一系列问题，其中一个问题会引出另一个问题。

但请记住，我们时不时会看到不改变心态带来的次要收获。我12岁时总是不爱练习小号，因为我不喜欢这种乐器。我上课迟到，拖延练习，但我从未在棒球或网球的练习时间迟到过。

同样，推迟重返大学的时间也许是因为你的无意识不想让你放弃服务员或调酒师的工作。也许你真的很喜欢这份工作，即便赚的钱不多。事实是，如果一件事是你真正喜欢的事情，你是不会拖延的。如果你认为你想要实现某个目标，但仍然拖延，你需要让你的无意识参与进来，帮你找出原因。

我曾经读过一篇关于某位职业高尔夫球手的报告。十年前，他排名世界前二十位。在这十年中，他从未赢得过巡回赛冠军。这位球员认为自己可能患有"运动障碍性疾病"，即在完成出杆基本动作时不得不停顿或无意识地移位。

采访者追问了一些关于这位运动员家庭的问题，发现他的配偶并不太支持他的职业，她希望他在当地的乡村俱乐部工作。这位运动员因为在巡回赛期间疏远家人而内疚，并且一直未能实现他重返世界排名前二十位的苛刻目标。

3. 根据你的目标创建新行为

让我们再次以那位想要减肥的女士为例。通过无意识，她发现自己通过做相反的事情获得了次要的收获（这使她免于约会的压力）。对她来说，解决方案是改变她的减重目标，比如说将目标定为十磅而不是二十五磅。这样她的行为改变了，她的目标仍然得到满足，而且还有时间调整无意识。因此，如果她愿意的话，她将来会更容易实现减重目标。

4. 确保新行为符合你的无意识目标

想减肥的那位女士在试图获得自信。她询问自己："这真的是我在有意识和无意识下都想要得到的结果吗？"当她用"是"和"否"来检查自己的无意识时，她还承诺要发现新的方法和技巧来减轻体重并保持下去。然后，她尽力让自己的无意识去接受她减肥的目标。一旦她做了所有这些事情，她就做好了努力实现自己目标的准备。

当你使用可视化和重塑的方法时，自信会像阿拉丁神灯一样，可以给你任何你想得到的东西。你所要做的就是知道如何擦拭神灯。

任务

·看着你身边的人，然后把目光移开。用口头或书面形式描述那个人的样子，不要回头看。尽可能详细地描述。然后再看一遍，将你的列表与那个人的实际外观进行比较。这一练习能让你在可视化方面表现得更好。

·回想一次愉快的体验。在头脑中将这次体验可视化。注意图像的生动性。现在调高颜色的强度、分辨率和亮度。你感到更快乐、更兴奋吗？

接下来想象一段糟糕的经历，看看你能不能通过调低清晰度来避免固定的心态反应。让这段经历形成的图像变暗，把它驱逐到很远的地方，变成黑白色，再使它模糊。看看你是否能借此减少这段经历给你带来的糟糕感觉。不同的图像是否有助于你将坏事视为一个能从中吸取教训的小挫折？

·想一想某个你想要努力实现的目标，利用我们前面描述的内容和环境重塑来重塑你实现目标的心态。通过内容重塑，你可以改变目标对你的意义。使用环境重塑，你可以增强目标的积极方面并削弱消极方面。

·使用四步法来重塑情绪、行为和记忆，并致力于实现你在前一项活动中确定的目标。

chapter 4

第四章

塑造属于你自己的注重

结果的心态

心态制胜
New Mindsets New Results

1.在一场重大战役中，在军队人数不占优势的情况下，一名日本将军决定发起进攻。他相信他们会赢，但部下们对此充满怀疑。在去战斗的路上，军队在一个宗教圣地稍作休息。祈祷完毕后，将军拿出一枚硬币说："我现在来抛这枚硬币。如果正面朝上，我们就能赢。如果是背面朝上，我们就会输。让我们把一切交给命运。"

他把硬币扔到空中，全神贯注地看着它降落。结果硬币正面朝上，士兵们欣喜若狂，信心大增，最终取得了胜利。

战斗结束后，一名中尉对将军说："没有人能改变命运。"

"说得没错。"将军回答，他向中尉展示了手中的硬币，这枚硬币正反面长得一模一样。

2.几年前，一个新泽西家庭在外探亲后准备回到新泽西州。行经州界线时，他们被眼前的景象震惊了。收费公路上立着一块牌子，上写着"新泽西州关闭了"。更糟糕的是，一名警察

第四章
塑造属于你自己的注重结果的心态

站在告示牌旁边，显然是印证了这个说法。爸爸妈妈走下车，长时间地盯着告示牌，想知道新泽西州何时重新开放。他们终于鼓起勇气，向警察询问自己何时才能踏进新泽西州的地界。这时，偷拍节目的制作人艾伦·芬特走了出来，解释说这是一档恶搞节目。

你会参加一场成功机会渺茫的艰苦的战斗吗？如果你相信自己会赢，那么你会的。你会相信一些诸如你被拦在州界之外那样的蠢事吗？答案是一样的：如果你相信，不管它看起来多么可笑，你依然会选择相信。正如尤利乌斯·恺撒在两千多年前说过的，"男人心甘情愿地相信他们愿意相信的事情"。

不幸的是，我们中的一些人，偏偏要在不该相信的时候选择相信，就像在这则小笑话里的鹦鹉。

在一艘船上，有一只鹦鹉，它是船长的宠物。所有人都很喜欢它，唯独船上的魔术师例外，因为每次魔术师给观众们变魔术的时候，鹦鹉总会说："我知道，我知道，他把鸽子藏在了帽子里！"魔术师很生气，但也拿它没办法，谁叫人家是船长的宠物呢。

有一天，海上刮起了大风浪，这艘船沉了。幸运的是鹦鹉和这个魔术师都死里逃生，不幸的是他们都被困在了同一块舢板上。鹦鹉和魔术师彼此较劲，斜着眼看着对方。这样一天、

073

两天、三天……在茫茫大海上飘呀，飘呀。终于鹦鹉忍无可忍，开始和魔术师搭腔："我认输！快说，你把船变到哪里去啦？"

正如这个故事所阐明的，信念与现实无关。相反，信念是就像俗语说的"不管你认为你能或不能，你都是对的"。

这是一件好事。这意味着我们可以随时改变我们的信念，以增强实现我们的目标所需的自信。

你能改变你的心态吗？如果你拥有强烈的信念，改变你的心态这种事简直再简单不过。一个少年棒球队的小男孩就有这样的信念。当一个迟到者问比赛的比分是多少时，男孩笑着回答："我们以 14 比 0 落后。""真的吗？"迟到者问道，"我不得不说，你看起来并不气馁。"小男孩一脸疑惑地问："气馁？我们为什么要气馁？我们还没被彻底打败。"

此前，我们讨论了把成功可视化对行为的影响。毕竟，图像可以支撑也可以动摇信念。当你对信念信心不足时，就会产生怀疑，但是当你接受一些不总是能被证明的东西时，信念就是存在的。

你的信念可以影响你的心态。但重要的是，怀疑也是一种信念。为了证明这一点，可以想一想你非常强烈的信念。这种信念可能是宗教的、民族的，甚至可以和你做生意的方式有关。尽力把这个信念可视化，并想一想它对你产生的影响。你可能会想起自己之前祈求的事情实现了，想起在某种情况下你的善良得到了回报。你也许对自由抱有强烈的信念，那么自由女神像就是一个可视化的象征。你也许相信好运会降临在那些耐心等待的人身上，这可以通过你的祖母的形象来呈现出来。她19岁时嫁给了一个常常虐待她的男人，结果那个男人发生意外去世了，她后来又遇见了一个有爱心的、支持她的男人，并嫁给了他。

现在试着想象一下你怀疑的东西——可能是真实的，也可能不是真实的。当你想到外星生物时，你的脑海中可能会出现飞碟的形象。当你想到自己有朝一日成为部门主管的样子，你可能会想到一间阳光明媚的大办公室和一张樱桃木办公桌。

现在，请留意你相信的东西和怀疑的东西之间的视觉差异。你会发现，你所相信的东西形成的图像是巨大的、详细的、明亮的、色彩鲜艳的，而你怀疑的东西形成的图像可能是小的、模糊的，也许只有黑色和白色。

如果你留意自己的情感和生理变化，你可能会注意到，当你将一个重要的信念可视化时，你的呼吸会变得缓慢而低沉。随着血液流动加快，你的手可能会变热。当你遇到疑问时，你会变得有压力。你的呼吸会变得急促，你的手会变得又冷又湿。

心态制胜
New Mindsets New Results

　　坚定的信念甚至能让我们勇敢地付出生命。很少有人会对自己怀疑的事情充满热情。我见过一些不相信上帝的人，但没有多少人会因为"不信上帝"这个信念而死。

　　信念的伟大之处在于它始终是一种选择。假设你的心态是固定型心态，而你的目标是成功地经营一家企业。此时的你萌生出放弃的念头，你可以改变你的信念，相信这家企业不值得你努力。你也可以试着增强信念，相信自己如果一直坚持，就能守得云开见月明。

　　有的信念会限制我们，有的信念能给我们的人生带来强大的力量。也许你曾想过戒烟，但每一次尝试都以失败告终。你从一开始就相信自己能完成目标吗？你真的渴望成功吗？

　　当你制定出戒烟、减肥或完成报告这样的目标时，不妨想一想你是否从一开始就相信自己能做到这些。你可以通过改变心态减轻压力。要想一步步地接近目标，你就不能对目标有所怀疑。对自我能力的信念有助于你建立自己想要的心态。

　　你可以通过以下两个练习改变自己实现目标的方式，无论这目标是什么。

　　列出你想实现的结果，并写下你所知道的关于自己的一切。这将有助于把结果变成现实（在第六章中，我将详细讲述目标和结果之间的差异）。在制定列表时，考虑你是否有完成任务的决心和动力。告诉自己，你拥有无数闪光点和高度的职业道德，这些品质都将帮助你实现目标。你已经拥有了实现目标的天赋和能力，所需要的只是增强你的内心信念，然后忘记那些可能阻碍你的事情。每当你怀疑自己完成任务的能力时，都要查看这个列表。这将有助于巩固你对自我能力的信念。

我经常和一群比我优秀，至少身体素质比我好的年轻人一起打网球。我每场比赛的目标都是打好比赛。当我表现不好时，就愈发容易想起过往的失误。然而当我努力去回忆那些打得漂亮的比赛时，我的心态会迅速从"希望我不要搞砸"转变成"只要尽我所能，乐在其中就好"。

帕蒂是加利福尼亚州新港滩市天堂网球俱乐部的董事。一天，帕蒂听到一名球员在谈论自己糟糕的比赛。帕蒂打断了他的谈话："你在干什么？别再抱怨了，你只管好好比赛就行！"我喜欢帕蒂的态度。我们常常会陷入自己的世界，以至于忘记初心。无论如何，请不要忘记享受当下。

回顾你所列举的积极特征，在想象中把它们运用到你的结果中。把这些结果视觉化，将积极的图片放大、调亮，让它们变得清晰而生动。任何的消极想法都应该是暗淡的、黑色的。这样做可以减少怀疑对你的影响。

了解信念来自哪里，你将更容易利用它们。你不会因为别人说你能信什么或不能信什么就去相信或不相信。信念以及你的心态源自四个因素：环境、智力、经验、希望与期待。

环境

童年会对一个人的将来产生极大的影响。正如前一节所讨论的，如果你在中下层社区长大，你可能很难在生活中获得巨大的财富。在这样的环境下长大，哪怕支付账单这种小事对你来说都不容易。但是，如果你生在杜邦、洛克菲勒或罗斯柴尔德家族，你的期望和信念将大不相同。金钱不会让你感到不舒服，因为你是含着金汤勺出生的。你的父母会教你如何管理它。

不过凡事总有例外。让我们以范德比尔特家族为例。1800 年，科尼利尔斯·范德比尔特从父亲手里借了 100 美元，在纽约买了一艘渡轮。后来，他拿到了一条航道的经营权，并且在铁路生意上赚了大钱。以今天的美元购买力来算，这个家族鼎盛时期大约掌控了 3000 亿美元的资产。然而仅仅三代人后，范德比尔特家族继承者的人均财产只剩下 100 万美元。有人说他们挥霍了这笔钱。我认为原因不只如此，我认为范德比尔特家族的前辈没有让自己的继承人学到他们的教训，也未曾教会他们如何管理财富。只要将年支出控制在总资产的 4%，他们就可以维持甚至提高家族的财富水平。这一切都与心态有关。继承者的心态是固定型心态，而非成长型心态。他们眼中的自己是有限的，而且他们并没有好好想过自己要如何获得更多。

问问自己：你渴望的结果与你的成长环境有没有关联？如果没有，你能应付这些结果带来的生活方式的改变吗？如果你是一个销售人员，你的目标是赚更多的钱，你能应付财富带来的变化吗？你相信你真的想要更多的金钱和财富吗？

你可能会斩钉截铁地回答："我可以！"但是要小心，如果你不相信自己可以赚更多的钱，那么当你埋头挣钱的时候，你会无意识地破坏自己的心态。

请思考一下你的信念与"赚更多的钱"的目标是否相融。我们可以采用"未来信念检查法"（future belief check）。请在你的头脑中将你渴望的特定结果可视化。现在，把那个结果套在你本人身上，想一想你是否真的想要这个结果。你能够清晰地想象这个画面吗？这个画面是明是暗？足够清晰吗？是五彩斑斓的吗？如果不是，这个结果可能不符合你的信念。不改变你的信念，你就无法改变心态。要么改变结果，要么改变信念。

智力

智力是信念的第二个来源。下面用你的智力来检验你的信念。以上一个案例中的结果为例。看看你脑子里的图像，想一想你是否有足够的智慧来实现这个结果。如果你的目标是念完大学，你相信自己有取得好成绩的动力吗？这与你的智商无关，而与你是否会努力有关。你的朋友可能知道你会的，但你自己知道吗？想象一下你穿着毕业礼服的样子，检查图像的清晰度、亮度和大小。当我们灰心丧气、萌生退意时，我们就会失去目标和结果的图像。

经验

信念的第三个来源是经验。如果你过去成功地做成了某些事情，你将来很可能也会成功。但是，如果你过去放弃了，就不太容易改变心态，以克服未来的障碍。然而，这也不是不可能。让我们再做一次信念检查。再次想象你的结果，同时想象过去的失败，然后试着把两个画面结合在一起。现在的画面是明是暗？足够清晰吗？是五彩斑斓的吗？过去的经验是否能给你自信，让你相信自己在未来遇到同样的问题时能克服？可视化之后的图像及图像的特征能让你对答案有一个很好的判断。

我全力以赴地做每一件事。我有着这样一种信念和心态，即在小事上放弃的人，也会在大事上放弃。我在椭圆机上设定了 30 分钟，大约锻炼到 20 分钟时，我开始感到疼痛。我想停下来，想早一点回办公室。于是我试着设想一个图像，想象我瘦下 10 磅，而且关节痊愈的样子。

希望与期待

信念的第四个来源是我们对未来的希望与期待。这是培养坚定信念的最难的方法之一。这是因为除了信心，几乎没有什么有形的东西可以作为期望的基础。能够对未来的成功产生信念是任何目标的命脉，尤其是对诸如销售这样的职业来说。

小杰米·斯科特是一个很好的例子。杰米想要参加学校的一个戏剧表演。他对此很上心，但他的母亲担心他不会被选中。

开学那天，杰米冲到妈妈的身边，眼睛里闪烁着自豪和兴奋的光芒。"你猜怎么着，妈妈！"他兴奋地喊道，"我被选为领掌人了！"

通常，一个人的信念是由这四个因素组成。我的朋友苏珊娜是一个典型的例子。她的信念来自于智力和经验，而非环境

心态制胜
New Mindsets New Results

与希望。苏珊娜是一个 30 多岁的家庭主妇。她害怕飞行，哪怕统计报告显示飞机远比汽车安全。尽管不常发生，但飞机坠毁这种事的确存在。苏珊娜看过的每一篇有关飞机失事的报道都永久地烙印在她的大脑中。这加深了她的信念，让她相信飞机失事时有发生。

苏珊娜是个聪明的女人，她实际上会用她的智力来合理化自己对飞行的恐惧。她会问："几吨重的钢材飞上天，这合理吗？"在苏珊娜心中，哪怕飞机失事率只有百万分之一，她也会是赶上这件事的人。事实上，苏珊娜的家人都没有飞行恐惧的问题，她的父母和兄弟姐妹都喜欢坐飞机。

由于害怕坐飞机，苏珊娜强迫家人开车，而不是坐飞机去度假，尽管他们能负担得起更豪华的旅行。这些年来，她错过了一些重要的活动，比如大学毕业后她本想和朋友们去阿鲁巴旅行，再比如她的丈夫本想去希腊度蜜月。但是总而言之，苏珊娜的生活还算顺利。

现在，苏珊娜不得不直面自己的恐惧。这是因为她要观看儿子的曲棍球比赛，还得前去美国的另一头出席一场家庭婚礼。两件事碰巧安排在了一起，而她不能错过任何一件事，这意味着她必须坐飞机。

她的丈夫松了一口气，以为这个问题终于得到了解决。但随着旅行时间迫近，苏珊娜的恐惧感越来越严重，到最后甚至连吃饭和睡觉都有困难。她需要改变她的信念。

改变心态，从改变信念开始

与苏珊娜的情况一样，有些信念可能是自我毁灭式的，尤其是当这些信念不正确或者对我们有害时。

幸运的是，我们有时可以通过教育或自信改变信念，来支持我们的目标。一种方法是使用所谓的"亚模式改变技术"。这种方法可以帮助你以新的方式传播并且重新确定信念。如果你能做到这一点，就可以改变你的心态和结果。

人们常说人有"五觉"，即触觉、嗅觉、味觉、视觉和听觉。还有一种说法是，人只有"三觉"，也就是视觉、听觉和感觉。根据估算,35%的人依靠图像思考,25%的人喜欢依靠听觉思考,40%的人依靠感觉思考。

我曾在世界各地的会议上发表一个题为《人的魔法》的演讲。演讲的主题是：每个人都有一个主要的思考模式。例如，以视觉为主模式的人记得最牢的是自己看见的东西，以听觉为主模式的人记得最牢的是自己听到的事情，以感觉为主模式的人记得最牢的是自己的经历。

美国军方使用一种非常简单的测试来判断射击手的主视眼。我们不妨一起来检测一下。从你眼前的墙壁卜挑选一个物体，然后把食指和拇指环成一个圆圈，透过圆圈看墙上的物体。现在依次闭上眼睛，看看哪只眼的视线能和圆圈中的物体重合。如果你闭着左眼能看到圆圈中的物体，那你的主视眼是右眼；如果你闭着右眼能看到圆圈中的物体，那你的主视眼是左眼。即使你用两只眼看东西，也有一只是主视眼。同理，你也有首选的心态。接下来，让我们来看看你是哪种模式的吧。

想一想你今天早上醒来的经历。听到的、看到的、感觉到的东西，哪一样给你的印象最深？早上醒来时，我从卧室的窗户往外看。我一边舒展身体，一边听着商业新闻频道的节目。我还记得自己的身体多么僵硬，这都是拜55年的网球运动所赐。但是今天早上的最初几分钟，给我留下最深印象的是我的感觉。试着回想你今天早上醒来的经历。给你印象最深的是什么？

事实上，嗅觉是最强烈的感觉。你的嗅觉可以带出声音、感觉和图像。任何感觉都比不上嗅觉。我的一个客户最近失去了她的母亲。她的母亲长期患病，给她造成了不小的打击。但是直到她飞到佛罗里达州参加一场商务会议，她才真正地崩溃了。旅馆房间里的气味让她想起了亡母，这强烈地搅动了她的情绪。我相信你也有这样的经历。有人说一首歌会让他们回到十年前的某一场活动，一种感觉让他们想起自己小时候的经历。但气味可以让更强烈的记忆涌回来。

然而，我们主要的思考模式是视觉、听觉和感觉。你可以用它们来改变你的能力和信念。要了解这些模式，你可以把自己的某个信念视觉化。尝试更改图像的亮度、颜色、清晰度、大小和其他差异。请确保你的信念是非常具体的。

例如，当你设想未来财富时，可以想象乡村大别墅。如果你的信念是做一名优秀的高尔夫球手，可以想象自己在几年内赢得重大比赛的画面。如果你的信念是接受高等教育，可以想象帽子和礼服。以最直观、最切实的方式，用任何方法来坚定你的信念。

你也可以削弱你想要改变的信念的图像。绘制一幅关于这个信念的图像，然后尝试着改变其特征。如果你的信念很大，让你的图像变小。如果你的信念是光明的，让你的图像变昏暗。如果信念很详细，请使图像变模糊。如果你的信念是稳定的，让你的图像闪烁。如果你的信念有颜色，把它改成黑白。做这些步骤时，请注意你的心理和情感变化。

一旦你使这张图像变暗，变小，变成黑白色，你会看到它开始闪烁。如果你把图像的外框掏空，不用其他图像来代替它，你可能会感到焦虑。现在,可以用你想拥有的信念的图像来代替它:你有能力减掉尽可能多的体重;你有能力解雇一个无效率、爱迟到、态度粗鲁的员工;你有能力克服固定的心态。消除你想改变的图像,用新的图像来代替它。

我的朋友苏珊娜就能做到这一点。她很清楚自己想要克服对飞行的恐惧。她首先设想自己与丈夫会在缅因州的海岸度过一段美好的时光,见证外甥女的婚礼,并与她的姐姐和亲戚们一同庆祝。她想象婚礼上的佳肴,让那幅图像变得明亮生动。细致的想象让她几乎流下口水。

然后,她开始想象自己想要改变的信念,即她相信飞机会坠毁。起初,这个信念是光明的,生动的,图像在她心中很大。她故意改变图像的特征,使其变得模糊、闪烁。她用一个新的信念取代了那个图像——她的飞机将安全地起飞、飞行并降落。

她看到飞机优雅地飞过天际,看到自己面带微笑,握着丈夫的手,接受一位亲切的空姐递来的花生。她甚至感觉到飞机降落在地面上,轻轻颠簸,平稳滑行然后停稳。她看见自己走下飞机的台阶。

苏珊娜正在逐步改变信念,但她还没有完全做到这一点。亚模式变化技术的下一步是塑造新的信念。塑造的重点不是最终结果,而是有助于你实现和获得目标的过程。对苏珊娜来说,这意味着她能够乘坐飞机，前往她梦寐以求的各个地方，而不出现焦虑的状况。

如何利用情绪稳定性进行检查

亚模式变化技术的最后一步是进行情绪稳定性检查。想一想，你的新信念有没有可能变成你的问题。它有没有可能会引起你的情感冲突？在苏珊娜的案例中，她可能担心更多的飞行和旅行可能会把她从她所珍爱的亲人身边带走。长期来看，她不会喜欢更多的飞行。换句话说，仅仅为了消除你对某件事的恐惧不意味着你要去做这件事。我也许能够消除对蹦极的恐惧，但这并不意味着我应该参加这项活动。简而言之，你不需要对每件事都有信心。有些忧虑是好的，它让你保持专注，不断学习。

如果一个新的信念对你有好处，那就继续吧。如果你不确定，可以试试一致性检测法（congruency）。这种方法可以非常有效地帮助你确定一个信念对你的情感是否有利。

一致性检测法能让你评估来自三种心态（视觉、听觉和感觉）的新信念，使你确定它是否会造成情感冲突和焦虑。例如，如果你的新信念是更强势地对待那些占你便宜的人，你可能会

心态制胜
New Mindsets New Results

看到自己不一样的反应。当你进入三种神经语言思维过程，你会看到自己变得多么强硬、自信。这可能意味着你站立、行走的方式。听觉上，你会听到自己口若悬河。感觉上，在与人的沟通中，你会感到更多的自信和力量。在让别人知道你的感受时，你会更加自在。

如果你的自信让你的老板感到不自在，你要避免在他面前展露这种自信。妥协可能要你削弱目前的信念，即你需要对每个人展示自信。也许，你只需要强势地对待那些占你便宜的人就好。

让我们重新开始。首先，列举出一个你怀疑自己无法实现或维系的目标。例如，拿到法学学位是你的目标。你的信念可能是：你的年纪太大了或者法学学位在文书材料方面的要求太苛刻。当你审视这个信念时，应该尝试通过测试每种思维方式来质疑它。试着让它产生的图像变小、变昏暗、变模糊。任何与它有关的声音都应该变得柔和，直到听不见为止。你也可以通过我们之前讨论的分离技术，削弱你对它的感觉。

使用亚模式变化技术来削弱你的怀疑。将学习困难的图像转换为闪烁的图像。闪烁开始时，立即将其替换为成功学习的图像。我们大多数人之所以感到怀疑，是基于一个固定的心态，即我们不聪明、不够坚强，或不算好看。

第四章

塑造属于你自己的注重结果的心态

读书时，你也许会因为自己获得了有用的新信息而露出自信的微笑。这比考虑你是否有足够的天赋更积极。把新的图像拉到最前面，使其生动、多彩、细致。请注意图像是如何变得更明亮、更清晰的。你可能会听到远处传来柔和的古典或爵士音乐。

注意你的生理变化。你应该微笑，感觉自己更快乐，更受鼓励并且因为你的目标即将实现而真诚地开心。你应该感觉自己卸下了心里的担子。这是一个很好的理由：同一事物是不存在两种强烈的、相互矛盾的信念的。你只需要削弱一个信念，用另一个信念取代它即可。这个方法可以帮助你削弱对信念的怀疑。

现在，给你的新信念添加一个框架。注重结果的思维方式告诉你，你可以获得法学学位，你可以学习更多的知识，培养强大的记忆力，成为快速阅读者。当情况变得艰难时，请参考自己的心理图像，它会强化你的结果导向心态。

最后，对你的新信念进行情绪稳定性检查。如有需要，使用一致性检测法从视觉、听觉和感觉方面来评估你的新信念。为了获得攻读法学学位的信心，你可以想象这个学位是什么样子的，听起来像什么，感觉怎么样，同时确保成为一名律师符合你的感受。

我有一个不喜欢当律师的好朋友。不管他怎样改变自己的信念，都不会改变他不喜欢律师这个职业的事实。一致性意味着你的信念必须与你喜欢的东西一致，也和你不喜欢的东西一致。

你也可以简单地用支持性的信念来取代不支持的信念和疑虑。你可以做到这一点。首先，去怀疑一个信念。然后，对比两者。最后，检测新信念。假设你擅长人际交往，并且相信你成为人事经理以后可以有效地帮助同事提高工作效率。你可以通过可视化自己与一个员工并肩工作的图像来强化信念。

现在想一想你的怀疑。假设你期望的结果是成为贵公司的部门主管。尽管你的表现不输于任何人，但你的心态却是固定型心态。你害怕自己没有能力领导三十个人。这种怀疑在你的脑海中如何体现？它所形成的图像可能使你的行为变得混乱无序，不知道下一步该怎么走。

看看你的信念与怀疑的图像的差异。注意亮度、颜色、模糊度的差异。注意每张图像有多大，以及是否闪烁。

接下来，测试这些亚模式的差异，一次测试一个，看看在把怀疑转变为信念的过程中，哪种方式最管用。最管用的方法是把清晰的图像变模糊，是把颜色鲜亮的图像变成黑白色，最终让怀疑消失。任何方法都可以起作用，你只需要依次测试每一个。

最后，确保你心中有一个可用来替代怀疑的新信念。如果你怀疑自己身为一名优秀的经理的能力，你需要用一种新的信念来取代这种怀疑，即你会尽一切努力去达成你的目标。想象自己怎样学习新想法和概念的样子。想象你畅快地阅读他人眼中晦涩的文本。当你这样做时，记得只用积极的一面来思考新的信念。此外，请将信念视为一个过程，而不是一个目标，或者一种妄想。何为妄想？妄想就是因为相信你可以变富有，就把自己想象成世界上最富有的人。

改变信念的过程非常简单。在接下来的日子里，测试你的新信念，以确保与它们相关的情绪和联想与发生的变化一致。请测试每个信念的可视化表现。几天后，你的信念是什么样子的？依然生动吗？依然清晰，多彩，在图片框的中心吗？它的特征是否有变化？你也许可以再次通过这些练习来强化它，这种练习可以将这些新信念融入你的生活。

请记住，信念和目标需要一致。如果二者一致，你就能创造奇迹，就像伟大的小提琴家伊扎克·帕尔曼一样。帕尔曼的故事让我们看到信念的伟大：

1995 年 11 月 18 日，伊扎克·帕尔曼在纽约市林肯中心的艾弗里·费舍尔音乐厅举办了一场音乐会。如果你曾出席帕尔曼的音乐会，就会知道上台对他来说不是一件小事。帕尔曼幼时患了小儿麻痹症。他两条腿都安着支架，只能依靠拐杖走路。看到他一步一步地走向舞台，每个人都会心生敬畏。他步履蹒跚，却十分坚定。他慢慢地坐下，把拐杖放在地板上，解开腿上的支架，让一只脚往后，一只脚往前。然后，他弯下腰，拿起小提琴，把它放在下巴下，向指挥家点头示意，开始演奏。

观众已经习惯了这种仪式。那天晚上，他们安静地坐着，而帕尔曼穿过舞台，坐在椅子上。他解支架时，观众们虔诚地沉默着，等待他做好上场准备。

但这次的表演出了问题。几个小节后，小提琴上的一根琴弦断了。刺耳的弦断声像枪声一样穿透了整个房间。所有人都知道这个声音意味着什么。帕尔曼必须装上支架，拿起拐杖，跛行离开舞台，要么找到另一把小提琴，要么找到替换的琴弦。

但是帕尔曼没有这样做。他闭上眼睛等了一会儿，然后示意指挥重新开始。管弦声响起，帕尔曼从中断的地方重新开始，以人们从未见过的激情、力量和赤诚之心来演奏。

当然，所有人都知道，仅仅用三根弦演奏交响乐是不可能的。我知道，你知道，但那天晚上，伊扎克·帕尔曼拒绝知道。你可以看到他是怎样调节和改变自己的思想的。他似乎改变了琴的音调，以全新的方法奏完了这首曲子。

演奏结束后，房间里一片寂静。然后人们起身欢呼。礼堂的每个角落都爆发出雷鸣般的掌声。人们纷纷起立，尽一切可能来表示他们的敬佩之情。

帕尔曼微笑着擦了擦额头上的汗水，向观众们鞠躬致意。他用一种安静、沉思、虔诚的语气说："要知道，有些时候，艺术家的职责就是用你手头上剩下的东西创造音乐。"

信念的力量是强大的。利用积极信念，改变自我毁灭的信念，可以帮助你获得更多自信。

以下练习可以帮助你更好地运用注重结果的心态：

1. 在你之前写下的目标和结果中，列举出推动或阻碍你实现目标的正面信念和负面信念。然后使用亚模式变化技术，用支持目标的新信念取代不支持目标的负面信念。

2. 写下基于未来希望和期望的三个信念。在支持你实现目标的信念旁添加一个记号，然后执行我们前面讲过的信念检查。你开始相信自己有实现目标的能力了吗？最让你担心的部分是什么？

我最近在我的俱乐部打了一场网球锦标赛。我的一位朋友告诉我，主场比赛有一定的优势。我无法想象这是真的，因为这里没有大学网球赛那么多的球迷，有的只是球员们自己的亲朋好友。我的朋友说，大多数人去其他人的俱乐部打比赛都会输，因为他们相信赢得比赛会更加困难。他们创造了一种固定的心态，让他们相信自己将会失败。在这种情况下，球员们的信念不支持他们目标。球员们必须相信自己能赢，否则他们必败无疑。

如果你的目标是获得工商管理硕士学位，那么支持这一目标的信念可能是一种心态，即你能够快速学习、投入精力并渴望获得知识。如果你的目标是赚到足够的钱来买房，你的信念可能是，你每个月都能达成既定目标而且能省下钱。开发一种新的注重结果的心态其实没有你想象的那么难。

习得性无助

培养成长型心态的一个主要部分取决于你的乐观程度。几个研究人员对乐观主义做了详尽的研究。其中一位研究人员是米哈里·契克森米哈赖，另一个是马丁·塞利格曼，而他被尊称为"习得性无助之父"。米哈里博士是加州克莱尔蒙特研究生院的心理学教授，塞利格曼博士是宾夕法尼亚大学的心理学教授。

米哈里博士曾经说过，当人们出于恐惧克制自己时，他们的生活质量必然降低。但是他的研究已经大大超越了"恐惧"这个问题。在他的著作《心流》（Flow）中，米哈里博士研究了

第四章
塑造属于你自己的注重结果的心态

人们从事高度理想化的活动时完全集中和忘我的精神状态，他把这种状态称为"心流"也就是"内在动机状态"，即人们完全沉浸在他们正在做的事情中。

在一次杂志采访中，米哈里博士称，心流就是完全参与到活动本身中。在这样的情况下，你的焦虑会完全消失，每个行动、动作和思想都遵循上一个行动、动作和思想，就像演奏爵士乐一样。

伟大的网球选手皮特·桑普拉斯在 2003 年退役，此前一年的美国网球公开赛半决赛中，他表现出色，完美地展示了什么是心流。他与西班牙选手亚历克斯·科雷查展开了激烈的竞争。在第二盘的决胜局中，桑普拉斯明显身体不适。开局一分钟后，他趴在球场上呕吐了一阵子。他不可能完成比赛。全场观众都以为他会退出，让对手直接进入决赛。但是像所有伟大的冠军一样，桑普拉斯重新振作起来，最终和对手打了个平手。后来，他取得了第三盘比赛的胜利，铺平了他的决赛之路。这生动地反映了米哈里博士的"心流"概念。如果皮特没有处于完美的心流状态，他会感到疼痛和恶心，被头痛和发烧拖垮，导致他退出比赛。

米哈里博士表示这种心流状态是一种自给体验：它是你为了自己的利益而寻求的状态，而不是一种手段。要达到心流状态，你必须在任务的难度和执行者的技能之间取得平衡。如果任务太简单或太难，则不会出现心流。挑战的难度必须相对较高，而且与技能相匹配。如果挑战难度较低而且难以与技能匹配，人们会产生无聊感。假设我和一个网球初学者打比赛，我的技术很高，但挑战难度太低，就不会出现心流状态。但是，若要我拖着六十来岁的身体和二十来岁的职业选手比赛，我的水平必然相形见绌，挑战难度也过大。在这样的情况下，我还是无法达到心流状态。还是那句话，挑战的难度必须相对较高，而且与技能相匹配。

伟大的篮球明星迈克尔·乔丹就要在对阵犹他爵士队的第七场比赛中投一个三分球。这是 NBA 总决赛，如果乔丹能在比赛最后的三秒钟进球，就又能为芝加哥公牛队揽下一个总冠军。问题是乔丹那天身体抱恙，在上半场时呕吐了。他在下半场甚至没有上场。但是在那个关键时刻，他进入了心流状态。

在注重结果的心态中，心流是一个关键的概念。如果你的技能水平远高于你面临的挑战，你会感到无聊。如果挑战难度远超过你的技能，你的心态会因为焦虑而崩溃。公共演讲是一个很好的例子。你很清楚自己的材料，而且只需要在 15 至 20 人的小团队里发言就行。你的技术水平很高，但挑战性低，所以没有出现心流。但是，当你在 2000 人面前讲话时，你不仅要熟记你的材料，还要时刻抓住听众的注意力。由于挑战难度巨大，你需要更高的技能水平。如果你没有足够的技能，你是不可能在 2000 人面前演讲的，心流将被压力和焦虑取代。你可以通过练习和加倍的努力提高演讲水平，还可以请专业人士辅导。

正如你看到的，强迫自己去做某件事情是不够的，你还需要具备与之匹配的技能。所以你要频繁地练习，把正确的故事和笑话放在正确的地方。你一定可以在 2000 观众面前发表大型主题演讲。你的信念会伴随每一次练习而增强。你的心态会发展，让你相信自己有毅力和能力获得成功。在这种情况下，你实现心流的机会将大得多。

米哈里博士的另一项研究发现是内在动机（intrinsic motivation）。他发现，内在动机强烈的人，也就是那些容易被快乐和挑战所激励的人更容易形成目标导向的思路而且更有方向性。根据米哈里博士的说法，内在动机是一种非常强大的特征。它可以优化和增强积极体验以及整体福祉。

内在动机意味着你应该不断挑战自己，培养注重结果的心态。有固定型心态的人倾向于避免表现不佳的情况。当这些人觉得不值得为目标努力时，他们会采取回避态度，会说"我太累了""我不想这样做，因为我不够优秀"或"我没有时间"。但是对内在动机的研究表明，无论你表现好与不好，只要尝试

心态制胜
New Mindsets New Results

新事物，就会增加你的幸福感和自信心。这是注重结果的心态的本质。

马丁·塞利格曼提出的"习得性无助"也是一个非常有用的概念。简单地说，这意味着我们一旦在一项活动中失败，通常会在未来避免采取同样的行动，因为我们已经学习到自己永远不可能成功。"我试过，结果失败了，那为什么还要犯同样的错误？"这是固定型思维典型的开始。

设计师可可·香奈儿曾经说过，"成功总是青睐于那些不知道失败无可避免的人"。在注重结果的心态中，思考的前提是"我从前遭遇过挫折，但是通过努力，我可以克服任何障碍"。

我原本是一名研究员，后来做了商业心理学家。我仍然喜欢讨论那些巩固概念的实验。比如习得性无助实验。塞利格曼把狗关在一个上了锁的笼子里，并且在笼子边上安装了一个扩音器。只要扩音器一响，笼子的铁丝网就会通上电流，电流的强度足以让狗感到痛苦，但不会伤害它的身体。刚开始，扩音器响的时候，被电到的狗会在笼子里四处乱窜，试图找到逃脱的出口。可是在试过几次都没有成功之后，狗就绝望了，放弃了挣扎。虽然扩音器响了，有电流通过，但狗只是躺在那里默默地忍受痛苦，而不再极力逃脱了。

于是塞利格曼把狗挪到了另一个更大的笼子里，笼子的中

第四章
塑造属于你自己的注重结果的心态

间用隔板隔开，一边通电，一边没有通电，但隔板的高度是狗可以轻易跳过去的。塞利格曼把另一条从来没有经过实验的对照犬，和先前的那条实验狗一起关进了通电的一边，当扩音器响起，笼子通电时，对照犬在受到短暂的惊吓之后，立刻奋起一跳，逃到了安全的那一边。可是那条可怜的实验犬，却眼睁睁地看着伙伴轻易地跳到笼子的另一边，自己却卧倒在笼子里，再也不肯尝试了。研究人员把这种现象称为"学习迟缓"，即学习者不尝试就放弃。在固定思维的世界里，有些事情是不能完成的，因为你没有做这些事的天赋。你曾经被告知你不擅长做某些事情，你相信了这种话，从而形成固定的心态。

这个实验还有一个有趣的地方。研究人员鼓励实验犬跳过隔板，甚至以食物诱惑。但实验犬只会躺在那里，对任何威胁和奖励都无动于衷。研究人员不得不把无助的实验犬抬起来，强行移动它的腿，把它举过隔板，教它如何躲避冲击。最大的惊喜是，研究人员重复两次以后，实验犬便知道自己可以逃脱。

从某种意义上说，这项研究不足为奇。我肯定你去过动物园或马戏团，见过被细绳拴住的大象。大象只要轻轻一挣就能逃脱。可是很显然，这不是大象第一次被拴住。当它还是小象时，它的一条腿就被拴在金属桩上。不管小象做什么，都无法逃跑。渐渐地，小象了解到自己是逃不掉的。这就是习得性无助。

心态制胜
New Mindsets New Results

高尔夫是我这辈子尝试过的最难的运动之一。当然，网球也很难。但是身为职业和业余选手，我有着58年的网球比赛经验。我有信心打好比赛，随着身体年龄的增长，我至少能玩得开心。高尔夫不一样，我不太熟悉高尔夫。对我而言，发现错误的唯一方法是勤加练习。如果我在城里，我每周会打上两轮。此外，我每周会在练习场至少练习三次。

马克是我的一个好哥们儿，他拒绝和我打高尔夫球。他不是不会玩，而是不肯玩。5年前，我、马克和几个朋友相约在加州纽波特海滩的佩利坎山高尔夫俱乐部打球。作为网球运动员，马克的手眼协调性很好。他能够把这种运动能力转移到高尔夫球场上。在佩利坎山，他打出105杆，成绩不错。在美国，只有5%的高尔夫球手可以打出低于100杆的成绩。马克低估了自己。我上次请马克在朋友面前打高尔夫球时，他推脱道："我不会打高尔夫球。我试过，结果太惨了。"我知道马克上次玩得挺开心，也知道他是能够打高尔夫球的。但是，他因为自己打得不好而拒绝再打球，这也是习得性无助的体现。

你是否有过因为一次失败而拒绝新的尝试的经历？你是否会因为未能通过数学考试而拒绝MBA课程？你是否会因为20年前电话被拒而拒绝参加销售培训？你是否会因为上一个商务教练没能帮上忙而避免与商务教练合作？习得性无助会影响你

第四章

塑造属于你自己的注重结果的心态

的业务以及个人生活的方方面面。

在一个婴儿实验中，试验者使用感应枕头来控制婴儿床上方移动玩具的旋转。婴儿把头移向一侧，移动玩具会旋转，移动到另一侧，移动玩具会停止移动。另一组婴儿被放在婴儿床上，婴儿床的头顶上也有感应器，但没有感应枕头。两组婴儿后来都得到了感应枕头，可以控制移动玩具的旋转。但是，只有那些学会控制感应器的婴儿才会用感应器控制玩具。显然，第一组婴儿学会了控制玩具，第二组婴儿学会了习得性无助。

我的几个朋友都曾是美国海军海豹突击队队员。我已经提到，海豹突击队 BUDS 训练极其艰苦，非常具有挑战性。队员不仅要被凉水浇几个小时，而且在长达数周的时间里每天只能睡一到两个小时。这种做法在很大程度上是要清除不太合格的新兵。但是，培训师的另一个目的是帮助新兵摆脱习得性无助。当然，新兵们不会把这种事称为习得性无助，而是把它称为不公。候选人外出进行晚间练习时，教官会进入军营，撤掉几张床上的床单。18 个小时的训练后，候选人精疲力竭，几乎迈不开脚步。回到军营后，等待他们的是例行检查。当然，教官们会径直走向没有床单的床铺，惩罚不符合要求的候选人。这听起来完全不公平，但这也是在告诫候选人：不公平现象时有发生，而他们必须克服障碍。这些候选人将不得不接受他们的命运，

心态制胜
New Mindsets New Results

被罚一个晚上不睡觉。但真正的教训是：即便面对习得性无助，他们也要学会克服障碍。

在你尝试某件新鲜事，培养注重结果的心态时，这些发现至关重要。如果你过去在某件事上失败了，习得性无助也许会告诉你，再做同样的尝试必然是浪费时间。正如我前面提到的，我 16 岁时被踢出了高中篮球队。迈克尔·乔丹也曾被高中校队踢出，但我和他不一样，尽管我身边的朋友几乎都打篮球，但我自那以后再也没有碰过竞技篮球。我还会给自己找理由，声称我更喜欢网球、棒球、足球和高尔夫。不是说教练不应该裁掉较弱的球员，只是我们都应该意识到我们爱放弃的天性。仅仅因为你以前在某件事上失败了，并不意味着你将来不能学会有效地去做这件事。

海军船长发现一艘海盗船正朝他的阵地驶来，于是让水手把他的红衬衫拿来。

"您为什么需要红衬衫呢？"船员们问道。

"这样，当我流血时，你们不会注意到，也不会气馁。"船长回答。这支队伍最终战胜了海盗。

第二天，船长接到警报，50 艘海盗船正向他们的船驶来。他喊道："快把我的棕色裤子拿来！"

这里还有一些克服习得性无助的例子。

第四章

塑造属于你自己的注重结果的心态

· 华特·迪士尼曾因"缺乏创意"被解雇。他曾几度破产，
而且在开发迪士尼乐园之前，曾被一百多家银行拒绝。

· 一位专家曾当着文斯·隆巴迪的面说他"缺乏基本的橄
榄球常识，而且缺少动力"。

· 克拉伦斯·比尔泽发现了急冻（flash freezing）的秘密，
这个发现最终使他开创了冷冻食品行业。然而在此之前，比尔
泽已经七度破产。

· 鲍伯·帕森斯是 GoDaddy.com 的创始人兼首席执行官，
该公司是一家非常成功的网络域名注册商。如果你读了他的博
客文章，你会发现他为了追求自己的梦想克服了很多困难。帕
森斯绝非一夜成功，在追求卓越的路上，他经历了多次失败。
帕森斯曾说过，"我很少花时间回顾过去，或者为自己感到难过"。
他还有一句令人敬畏的名言，"退出是很容易的。世界上最简
单的事情就是退出或者放弃梦想（坦白地说，所有不爱冒险的
人都想看到你放弃）"。

· 伟大的路德维希·凡·贝多芬的老师曾经告诉他，他在
作曲方面毫无天分。

· 肯德基创始人哈兰·心德士上校向餐馆兜售自己的食谱
时，曾被一千多家餐厅拒绝。

正如我之前提到的，人们很难把自己的心态转变为注重结

果的心态。我们都可以学习和成长，但我们是谁以及我们的核心人格几乎是不可能改变的。你现在可能正在想，如果我不能改变，为什么还要培养更好的心态？改变并非易事，但你可以学着去改变。真正的困难在于后续的行动以及执行过程中需要付出的勇气和毅力。

资源圈

还有一种应对焦虑和习得性无助的方法，那就是资源圈（resource circle）。只需专注于你曾经大获成功的时间或事件即可。可能是赢得体育比赛，发表精彩演讲或者获得奖项。请想象你眼前的地板上有一个圆圈。现在尝试回到那个事件。试着用眼睛看，试着去听周围的声音，尝试唤起你当时的感觉。

当你能无限复制成功后，走进那个假想的圆圈，然后走出来，重复练习。回顾当时的视觉、听觉和感觉。现在，不要使用三种感官，再试一次。直接进入圆圈。进入圆圈以后，你就能重温成功的感觉。这就是所谓的资源状态（resource state）。

最近，一个男人告诉我，他非常害怕超重，但他的耐心和信心已经用尽。他感到压力巨大。他想起了资源圈这个方法，然后想象眼前的地上有一个圆圈。走进圆圈后,他的压力水平下降了,积极信念随之增强。他控制住了焦虑,达到了减肥的目的。

最有权力的教练、企业家、运动员、职业人士和科学家,都可以在不知不觉中让自己进入强大的资源状态。许多人能够做到这一点,尽管他们生活中发生了可怕的事情,无论是健康不佳、经济崩溃、家庭问题还是其他悲剧。他们可以通过触发他们头脑中强大的机制使自己处于一个成功的资源状态。资源圈是你可以访问的资源状态。你可以通过某个动作来访问资源圈,比如听鼓舞人心的励志演讲。

通常,在橄榄球比赛之前,美国职业橄榄球大联盟的球员们会互相敲打肩垫。起先,我认为这样做是为了检查肩垫,直到我了解到资源圈。球员们获得动力和制胜心态的最快方式是在比赛前围成一个圈,然后高呼口号。新奥尔良圣徒队的四分卫德鲁·布里斯是首先使用这种方法的四分卫。这种方法成绩斐然,让新奥尔良圣徒队成为最早出线的首发队伍。你也可以使用资源状态来创建自己的心态,就像橄榄球运动员一样。

作为职业网球运动员,我会在发球时使用资源状态。我会在第一次发球前让球弹起两次,在第二次发球前让球弹起一次。你可能认为这只是迷信,但是通过这个简单的动作,我能让自

己获得自信。职业网球选手纳达尔也有自己的方法，他会在比
赛前把头发拢到两只耳朵后面。这是迷信还是资源状态？就像
一则啤酒广告里说的，"如果它不起作用，那就只是迷信"。

依恋法

　　依恋法也是一种处理焦虑的方法。这是一种把不同的态度
和心态附加到活动中的方法。通过这种方法，人们可以把积极
情绪附着在活动中。许多有焦虑表现的运动员会使用依恋法来
使自己达到最佳状态。例如，在开始一场比赛之前，有些短跑
运动员会把双手放在臀部，唤起对过去成功的记忆，以获得放松。
400 米跑是非常令人紧张的比赛。许多参赛者会因为焦虑而输掉
比赛。但是如果一个运动员能通过一些小动作让自己平静下来，
他就可以控制自己，使自己处在有利位置。这是访问资源状态
的另一个例子。

chapter 5

第五章

如何使用元模式

心态制胜
New Mindsets New Results

一天，一个富裕家庭的父亲带着儿子去乡下旅行，目的是让他知道这世上的穷人是多么贫穷。他们在一个贫困家庭的农场里度过了几天几夜。

回到家后，父亲问儿子："你觉得这个家庭怎么样？"

"他们很棒，爸爸。"他的儿子回答。

"你看到这些人是多么贫穷了吗？"

"看到了。"

"那么，你从这次旅行中学到了什么？"

儿子回答："我知道我们有一条狗，而他们有四条。我们有一个游泳池，只能延伸到院子中间，而他们有一条小溪，没有尽头。我们的花园里有进口的灯笼，而他们有天空中所有的星星。我们有一小块土地可以居住，而他们的田地一眼望不到头。我们有仆人照顾，而他们为别人服务。我们花钱购买食物，但他们自己种植粮食。我们用围墙保护自己的房子，而他们靠朋友保护自己。"

听到这话，男孩的父亲一时语塞。

儿子又开口道："谢谢你，爸爸，你向我展示了我们是多么贫穷。"

上述故事中的父亲拥有的是注重结果的心态。在他心中，农场家庭的生活是"贫穷的"，而生活在钢筋森林里，可以用钱买到一切的家庭是"富有的"。这个男人明白他的看法不一定准确，直到听到儿子对于农场家庭和城市家庭的描述，父亲的感知和心态发生了变化。心态指的是你如何看待世界，它也是你的元模式。

什么是元模式

元模式实际上解释了人类如何处理信息。它就像一个内部计算机程序，使我们关注或忽略某些可能影响我们的态度和看法的信息。元模式是我们努力实现我们想要的生活时自动访问的心态。

从前，一个母亲因为儿子无休无止的恶作剧怒不可遏，最

心态制胜
New Mindsets New Results

后无奈地问道："你想要怎样进天堂？"

男孩想了想说："我会跑来跑去，进进出出，不停地敲门，直到圣彼得说'看在上帝的份儿上，吉米，你要么进来，要么出去！'"

和大多数孩子一样，吉米的心态受到元模式影响。两者紧密相连。我女儿卡洛琳8岁时，发现自己总是比不过10岁的姐姐凯瑟琳，无论是智力上还是身体上。但卡洛琳有其他的资源，她可以哭鼻子或者大喊大叫。当她想要某个东西或者觉得姐姐占了上风时，就会又哭又叫。这种方法很管用，总能让她得到她想要的东西。毕竟，爸爸妈妈总会跑过来看发生了什么。

凯瑟琳也有自己的办法，那就是暴力强迫。当她想要某样东西时，凯瑟琳会直接从妹妹手中夺走，这反过来又会导致卡洛琳苦恼。

恶作剧、苦恼和暴力强迫只是孩子们常用的三种元模式。成年人也使用元模式，尽管比儿童少，成人的元模式更为复杂。

元模式不仅仅是偏好。它是让我们朝着某个方向前进的动力，无论把我们推向某物还是把我们推走。我们中的一些人愿意做剧烈的体育锻炼，例如，频繁出入健身房或者去户外慢跑和散步。还有一些人会远离剧烈的体力活动，一些人去音乐会、博物馆或者观看芭蕾演出，另一些人除了田地里的农活对其他事情都不感兴趣。

人类通常会表现出五种元模式。了解它们是什么，它们如何影响你的行为和信念，将有助于你培养你想要的心态。

元模式一：前进还是后退

如果有人问你，你想要在事业、家庭和生活中获得什么，你会告诉他们你想要什么或者你不想要什么吗？同样，你的杯子一般是半满状态还是半空状态？这种前进或后退的倾向构成第一种类型的元模式。

具有前进元模式的人会根据自己想要什么来回答这个问题，具有后退元模式的人会以他们不想要什么来回答这个问题。

我的妻子梅里塔经常会问我想去哪里吃饭。我会给她三个选择，她总是说不。当我问她想去哪里吃饭时，她通常会回答："我都行，随便。"

要确定你的元模式是前进还是后退，想想你倾向于如何回答下班回家后的常规问题："你一天过得怎么样？" 如果你倾向的是回答"好极了"或使用类似的表达，你的元模式就是前进。如果你倾向的是有点消极的回答，如"不是很好"或"很坏，像往常一样"，那么你的元模式是后退。

心态制胜
New Mindsets New Results

当我问别人他们怎么样时，听到有些人回答"事情可能会更糟"或"一般般"，然后听到别人说"好极了！"或"不能更好了"。你发现前进和后退的元模式了吗？

你也可以问问自己，你是如何决定购买或出租你之前的房子的。如果可以，请大声回答。如果答案是，现在的房子景色优美，有大大的院子、古老优雅的树木或还有其他积极的东西，你的元模式就是前进。如果你回答它是最糟糕的一个或者你当初喜欢它但不会再搬到那里，因为起居室太小，那么你的元模式是后退。

或者问问自己，你是如何决定买上一辆车的。如果你的回答是这是你唯一能买得起的，那么你的元模式就是后退。但如果你描述了所有关于它的美好的、了不起的事情，那么你的元模式就是前进。

最近，我问一个朋友她想从约会中得到什么。她花了将近半个小时告诉我她不想要的男人的样子。她不想要一个贫穷的、不能吸引她注意力的、不能花很多时间陪她的、矮的、黑的、不英俊的男朋友。我理解她不想要的，但我仍然对她到底想要什么感到困惑。我甚至又问了她一遍同样的问题。有趣的是，她说："我刚告诉你了啊，不是吗？"

元模式二：参考标准

影响我们态度的第二种元模式是我们的参考标准。参考标准有可能是内在的，也有可能是外在的。例如，你如何知道你在某项工作上做得好呢？如果只有别人告诉你你做得好，你才知道自己做得好，那么你的参考标准是外在的。如果不管别人说什么你都觉得你做得很好，那么你的参考标准是内在的。相当容易理解，是吧！

几年前，我正考虑上 MBA 课程，一个朋友惊讶地说："你疯了吗？你已经拥有博士学位了！念这么多书，你哪里有时间陪你的妻儿？这太疯狂了！花时间学那么多根本不值得！"你能看出这家伙的心态吗？

这个反应让我很吃惊。在一段时间里，我暂时搁浅了这个计划。如果你的参考标准是外在的，那么其他人的影响会让你否决掉原本注重结果的思维方式。如果你的参考标准是内在的，你会更专注于自己的目标。

为了更关注结果，我们需要一个更大的内在参考标准。为了强化内在的标准，一旦你为自己设定了目标结果，请针对该结果衡量你采取的每一项行动，这将有助于你抵制可能引诱你的外力。

113

　　加强内在的参考标准的另一种方法是使用我们前面谈到的信念。立即尝试重新获得支持你想到的结果的信念图像。

　　例如，如果你正在攻读 MBA，那就想象自己轻松自如地在研究生课程中得到了全班最高分。尽可能仔细地关注图片的明亮度、大小和生动性。现在回想一下你的结果：获得 MBA 学位。如果你对内在标准持续关注，那么这个结果就会实现。可是如果你每次听到的都是质疑，请回想那些表明你有能力获得 MBA 学位的信念。

元模式三：排序

　　第三种元模式是人们如何排序。这与我们如何看待自己与他人的关系有关。如果你以自己为先，你可能会是一个固执己见、傲慢、固定型心态的自我主义者。如果你一直以他人为先，你可能会是感情上的殉道者。

　　排序元模式与培养更好的心态有什么关系呢？与外在和内在参照标准一样，如果你只以他人为先，元模式可能会破坏你注重结果的心态，让你不再关注目标和结果。

　　我认识的一位男士沃伦·哈维一直试图创建一家成功的公司。他是以他人为先的典型受害者。哈维才华横溢，工作勤奋，他也是一个深受人喜爱，慷慨大方的人。如果你处于困难时期，他会悄悄地给你20美元，或者在咖啡馆给你买午餐。

他的梦想是拥有自己的房地产公司，在他四十岁的时候，他终于实现了这个梦想。他的生意赶上了好时候，哈维很快雇了十几名员工，而且有了一些合伙人。他非常爱他的公司，并渴望着巨大的财富。

不幸的是，尽管与新员工和合伙人相处得很愉快，但不是所有人都有哈维的才能和职业素养的。当经济大幅下滑，房地产市场不景气时，哈维比以往更加努力，并持续地给公司注资。但他带来的钱仅仅养活了那些不赚钱的员工。钱没有进哈维的口袋，可是他挥金如土的样子就好像赚了不少钱似的。

岁月流逝，模式仍在继续。哈维很快陷入了财务危机，他的妻子不得不出去上班帮忙养家。二十年后，她仍在努力帮助家庭摆脱债务，哈维的业务则与以前大致相同，他雇了大量薪水很高却没什么产出的员工。哈维无休止地加班、不断往公司投钱以维持运营。讽刺的是，如果他关掉公司，自己一个人干活儿的话，他将赚得盆满钵满。但是他迈不出去这一步，他觉得要对雇佣的人负责，不想让他们失望。

虽然沃伦·哈维的故事可能会让人觉得以自己为先的排序方法是最好的选择，但中间地带往往是最好的地方。你可以以自己为先，但也不应该忽视别人，重要的是专注于自己的目标和结果。

《圣经》中关于约伯的故事就是一个很好的例子。撒旦挑战上帝，声称他的仆人之所以忠心耿耿，是因为贪图上帝的赐福。上帝带走了他的祝福。撒旦让约伯的生活成为地狱。约伯遭受了财散、子亡、身体染病的厄运。约伯的妻子叫他诅咒上帝。但约伯忠于神，说他是真神的仆人，而不只是贪图神的祝福。最终，约伯的财富恢复了，有了更多的孩子。如果约伯一直以自己为先，他只会根据自己拥有的东西来定义自我价值。

这里有一些问题可以帮你确认你是以自己为先还是以他人为先。你最喜欢你目前从事的工作中的哪一点？如果你回答，工资高、时间自由，或其他自我导向的答案，你是以自己为先的人。如果你喜欢你的工作是因为你喜欢结识新朋友，你很有可能是以他人为先的人。

同样，你喜欢和别人一起工作还是自己工作？如果你回答自己，你可能是以自己为先的人。如果你认为与他人合作更好，情况就正好相反。

元模式四：必要性还是可能性

影响我们态度的第四种元模式是你倾向于受必要性影响还是受可能性影响。以下故事是一个很好的例子：

十岁的莎拉因为天生左脚肌肉缺失不得不一直佩戴支架。在一个美好的春日，她回家告诉父亲她刚刚参加了学校的田径日活动，那儿有很多田径和其他比赛项目。

因为腿的缘故，父亲迅速思考着该如何鼓励她。他想要叫她不要因此失望，然而还未开口，莎拉就兴奋地说："爸爸，我赢了两场比赛！"

父亲简直不敢相信！

莎拉说："我有一个优势。"

父亲以为莎拉一定得到了优先起跑的权利或者其他优势。然而在他开口之前，莎拉抢着说："爸爸，我没有优先起跑。我的优势是，我不得不比别人更努力！"

发现某人是如何被激励的一个好方法是问他们为什么买房子。如果他们说自己需要一套五居室的房子，是因为他们有四个孩子，而且需要一个书房来工作，那么他们的购房选择很可能是出于必要性。同样，客货两用车主和面包车司机购车的理由更有可能是出于必要性而非可能性，而驾驶克尔维特或保时捷的人更可能是出于可能性而非必要性。

以可能性为动机的人，不因为必须做某事而做事，而是因为他们想要做这些事。他们看到了生活中各种各样的选择、经历和机会。他们想知道他们可以拥有什么，而不是他们应该拥有什么。

将这两种动机混合起来是很好的选择。虽然你应该考虑到坚持不懈的必要性，但也需要思考更多的可能性，努力寻找新方法，更快地达成自己的目标。

元模式五：工作风格

第五种元模式是你特定的工作风格。工作风格的元模式分三种：独立式、合作式、邻近式。

独立式

独立的元模式体现在可以从独自工作中收获大量乐趣的人身上。这类人喜欢独自工作。他们不想成为团队的一部分，而是想要领导团队。这样的人很难和别人一起工作。

合作式

具有合作元模式的人希望自己成为决策机构的一部分。他们愿意分担责任和任务。在做出承诺之前，若未得到别人的同意，他们不太可能自己做决定。

例如，如果你的目标之一是每晚阅读，但如果你的元模式是合作式的，你可能会发现自己很难抽出那么多时间读书。每天晚上先读一小时书，然后再找朋友玩可能是好的解决方法。

再举一个例子。每年一月，我会和大约四十名来自美国蓝河创伤协会的医生一起去滑雪。我们乘坐直升机前往不列颠哥伦比亚省的崎岖山脉。要尝试这项冒险活动，你必须是一个高阶滑雪者或滑雪专家。小组中的所有医生都在那儿度过了美好的时光。一天，一位医生因为天气太冷想要提前回旅馆。他本来随时都能回去，却非要事先取得直升机上其他四个人的同意。亲眼见证这种合作的元模式实在是颇为有趣。

邻近式

邻近式元模式是前两种类型的混合体。这些人喜欢与他人合作，同时掌握对项目的控制权。如果这是你的元模式，你的态度可能会受到你正在处理的项目类型的影响。

再来讲一个蓝河创伤协会的例子。该组织的领导人是一位叫约翰·坎贝尔的整形外科医生，来自蒙大拿州。他既是协会成员，也是组织者。在这个组织里，他看起来就像一个不懂分寸的毛头小子。尽管如此，他仍然沉迷于该协会的活动。

这种邻近式元模式有两个很棒的优点：你既可以享受别人

的陪伴，也有能力处理事情，与自己独处。

你了解了这种元模式吗？让我们来试试，看看你掌握得怎么样。想想前几任美国总统，从贝拉克·奥巴马开始。哪种元模式适合他？可能是一个独立的元模式：他不喜欢与国会领导人合作。我的女儿史黛丝曾在国会担任公关部长和幕僚长，她曾经说过，奥巴马总是挥舞着电话和笔，因为他很难与其他人通过合作以达成共识。

你认为乔治·W.布什总统展示了哪种元模式？他是在面对问题还是逃避问题？这很有争议，但他似乎在上任之初逃避了许多分歧，直到恐怖主义浮出水面才肯正视它。

还有一个更厉害的例子：在比尔·克林顿的丑闻中，你认为他是以自己为先还是以他人为先？在他遇上麻烦事时，似乎非常在意民调结果，特别是关于莫妮卡·莱温斯基的问题。当他看到一项民意调查显示美国人民不希望看到他仅仅因为婚外情这种事被弹劾，他似乎找到了惊人的自信。无论对错，以他人为先似乎能让他抵抗得住要求他请辞的呼声。

最后，你认为罗纳德·里根使用了独立元模式还是邻近元模式？历史学家告诉我们，里根在众人面前似乎表现得很棒，但他不太喜欢日常的内阁会议。他还因把大部分政府工作留给内阁而出名。尽管如此，没有人说过他不是一个伟大的领导人。

第五章
如何使用元模式

更确切地说，有人认为，领导力有时体现在对大团体的激励，而不是和少数人的互动。

现在应该很明确了，元模式对心态的发展和维护有很大的影响。正因如此，我们的心态和信念需要很好地适应我们已经有的元模式。此外，我们还可以改变自己的元模式以适应我们想要的心态。

好消息是，我们可以尝试通过扭曲、删除或概括传入信息来改变元模式。当我们处理和面对各种情况时，都在某种程度上这样做了。为什么不有意识地利用它来培养和维持你想要的心态呢？正如乔治·伯纳德·肖曾经说过的："如果无法摆脱衣柜里的骷髅，不如教它一起跳舞。"

假设你的元模式倾向于以自己为先。你的朋友组织了一场大型办公室聚会，她邀请你参加聚会，你可以更改导致你焦虑的信息，可以对自己说："我不是唯一的不喜欢聚会的人。一定会有人躲在角落里或厨房里，当我需要休息的时候，我也能逃到那里。"

现在假设你是一个有着后退式元模式的人。获得 MBA 学位是你想要的结果。但你读了一篇文章，文章说这类学位在找工作时不再吃香。你的自然反应也许会是"既然如此，为什么我每天工作八小时，还要去上课？"

相反，删除这些信息，告诉自己机会总会降临在优秀的人身上。现在如此，未来更是如此。

同样，如果你在节食时遇到困难，你可以删除那一点信息，并告诉自己，与几个月后瘦身成功的快乐相比，现在这一点点的牺牲算不上什么。

你还可以概括传入信息，以更改特定的元模式。例如，如果你的参考标准是外在的，而你的妻子连着两个周末在城外参加商务会议，不要告诉自己："这很坏！真不敢相信她这么快就又走了！我该怎么办？"

相反，对自己说："就算出现了这样的情况，但这种事不经常发生。再说，这意味着她在公司里确实做得很好。我为她感到骄傲，我知道她也会想念我。这将是一个很好的机会，我可以趁这个机会把非做不可的工作做完。"

养成使用现有元模式的习惯可能需要一些时间。没人想要受伤，但创伤是最直接的帮助我们快速改变我们元模式的方法。下面的故事说明了这一点：

前段时间，一名男子惩罚了他 5 岁的女儿，原因是她浪费了一卷昂贵的黄金包装纸。他们生活拮据。看到孩子把金纸贴在圣诞树下的盒子上，他顿时感到一阵不爽。

然而第二天早上，小女孩把用金纸包着的礼物送给了父亲，对他说："这是给你的，爸爸。"

父亲对他早先的反应感到愧疚。然而当他发现盒子是空的时，他的愤怒再次爆发。他严厉地对孩子说："小姐，你不知道当你给别人礼物时，里面应该有东西吗？"

小女孩抬头看着他，眼里含着泪水说："哦，爸爸，它不是空的。我不断地把吻吹到里面，把它充满了。"

父亲被击垮了。他跪下，搂着他的女儿，恳求她原谅他不必要的愤怒。

之后不久，一次事故夺走了女孩的生命。据说这位父亲被永远改变了。在他生命剩余的岁月里，他把那个金盒子放在他的床边。每当他气馁或遇到困难的时候，他都会打开盒子，拿出一个想象中的吻，并回忆起那个把吻放进盒子里的孩子。

如何应用元模式

无论你是哪种元模式，为了成功应用，你需要记住以下四点提示：

1. 识别你的元模式。

如果你是典型的前进式元模式，那么你减肥的理由可能是为了保持身体健康。如果你是后退式元模式，想象你成功减重的样子可能会是更有效的激励方法。

2. 使用参考标准来预测你的目标和结果。

如果你的参考标准是外在的，最好告诉自己，由于你在意他人的意见，你会成为减肥计划的绝佳候选人。

3. 改变信念体系，最好利用现有的元模式。

正如你所发现的那样，元模式可能很难改变。如果你的目标是减掉 25 磅，而你的元模式是前进的，你的元模式与结果实际上是矛盾的。为了使你的元模式和结果保持一致，你可以每天吃两顿小餐，而不是三顿大餐。这种方法可以通过修改结果来利用现有的元模式。

4. 通过你的心态改变计划，并借此监控自己。

确保你积极关注支持最有效元模式的信息。例如，如果你的参考标准是外在的，请确保不要让其他人阻挠你。如果你的参考标准是内在的，你可能需要把自己和其他人隔离开，不要逢人就诉说你的目标。

我个人比较喜欢后退式以及必要性的元模式。在最后一段 MBA 学习中，我发现管理会计课程太难了，于是向注册会计师朋友寻求帮助。约翰给了我一个固定型心态的解释。他告诉我，

第五章
如何使用元模式

世界上有两种人：一种是有数字头脑的人，另一种是没有数字头脑的人。他建议我退学，等到时间充裕时再重修，可是这样做会耗费太多的精力和时间。在考试中拿 A+ 不会给我的情绪带来太大的影响，但拿 D 不一样。一想到考试有可能失败，我就会铆足了劲头儿疯狂地学习，每天学满 12 个小时，直至期末考试结束。我最终得到了一个 A+，但这不是因为我想要做好，而是因为我不想失败。在这里，我使用的是后退式的元模式。

了解你的元模式能让你专注于自然吸引你的东西。例如，我有一些想要实现的目标，包括更好的发球和正手击球。还有一些我想远离的东西，比如交通罚单、航班延误以及讨厌的熊孩子。我喜欢飞到各地进行演讲，但我讨厌航空公司的航班。航空公司对乘客们越来越不友好，安全形势也更加严峻，得花 90 分钟通过安检线，尤其是在芝加哥和纽瓦克。这实在是太艰难了。

抱怨世道艰难很容易，但我没有这样做。相反，我让自己专注于旅行中的美丽风景和有趣旅人，以扭转我对航空公司的体验。面对无法控制的情况和事情，我会想起温斯顿·丘吉尔的一句话："悲观主义者在每个机会里看到困难，乐观主义者在每个困难里看到机会。"

总而言之，你最好了解清楚自己的元模式。一个重要的原因是：你可以让它为你所用。

心态制胜
New Mindsets New Results

一位年轻有为的总裁，开着崭新的捷豹车快速经过住宅区的巷道。他必须时刻小心，因为有孩子会从停着的车中间突然跑出来，所以当他觉得看见些什么的时候，就要减慢车速。

就在这时，一个小孩突然出现了，向他的捷豹车一边的车门扔了一块砖头，他猛踩刹车，然后掉转车头开回到砖头丢出来的地方。

他开门下车，一把抓住那个小孩，把他推到一辆停着的车前面大声喊道："你要做什么，你是谁啊？你知道自己刚刚在做什么吗？"他怒气冲天，继续吼道："这是一辆新车，你用砖头砸它要赔很多钱的。你到底为什么要这样做？"

这个小男孩祈求道："先生，对不起，我很抱歉。我不知道要怎么办。我之所以扔砖头，是因为没有人会停下来。"

小男孩泪流满面地指向一旁："那是我哥哥。他从轮椅上摔下来了，可我抬不动他。"男孩抽泣着问那个惊呆了的司机："您能帮我把他弄回轮椅上吗？他受伤了，可是对我来说他太沉了。"

司机说不出话来，喉咙里像是吞了铅块儿。他急忙把那个残疾男孩抱回轮椅上，并拿出手帕擦拭他的伤口，仔细检查以确定他没有什么大问题。

那个小男孩感激地说："谢谢你，先生，上帝保佑你。"然后，这位总裁目送小男孩推着他哥哥沿着人行道回家去了。

第五章
如何使用元模式

步行回汽车的这段路变得无比漫长。这位年轻高管的车损坏得非常明显，他却不愿修理凹陷的侧门。他知道，他需要把凹痕留在那里，让保留在车上的凹痕时刻提醒自己：生活的道路不要走得太匆忙，否则需要其他人扔砖头来引起你的注意。

啊哈，元模式。思考你的元模式是什么，养成习惯，让它为你所用，以实现更大的目标。这可能需要一些努力，但从长远来看，这种努力将带给你无限的回报。

任务：使用元模式来提升你的思维

1. 确定展示的五种元模式并对其进行评估，了解这些元模式可以支持你想要实现的目标和结果。

2. 想想你的价值观和目标，尝试提出三个能融入已有元模式的新方法。

3. 考虑改变元模式的可能性，更成功地实现你的目标。这有可能吗？你具体需要做些什么？

控制点（LOCUS OF CONTROL）

控制点将帮助你了解你的心态是否受到外部事物的影响。

心态制胜
New Mindsets New Results

简而言之，就是你是否能掌控环境。你属于内部控制还是外部控制？你对周围发生的事情有反应吗？

许多体育教练认为，重复可以帮助你培养成功的心态。我很认可这种方法。如果你一遍又一遍地做某件事，就能从中培养出更多的自信。我们谈论的是理性的自信，不是虚假的自信，比如在没有任何训练的情况下驾驶波音 747 飞机什么的。重复虽然重要，但需要与目标和结果相匹配。

内向思维会导致焦虑和压力。它常常给那些参加体育活动、舞台表演和演讲的人带来负面情绪。这种压力是表现焦虑（performance anxiety）。表现焦虑让我们感到四种恐惧：害怕被拒、害怕丢人、害怕失败，甚至害怕成功。你可能会问，谁会害怕成功？问题是，当我们过于成功时，许多人会自我破坏。这听上去也许有些奇怪。接下来我们将讨论如何管理和缓解这些恐惧。

有一个商业主管负债累累，走投无路。债权人在四处找他。供应商在要求他支付货款。他坐在公园的长椅上，双手抱头，不知道怎样才能使濒临倒闭的公司起死回生。

突然，一位老人出现在他面前。"看得出来，你有烦心事。"他说。商业主管大倒苦水，这位老人听后说道："我相信我可以帮助你。"他问过那个男人的名字，写了一张支票，然后把支票放到他手里说："这笔钱拿去吧。一年后的今天，我就在这里等你。到时候，你把钱还我。"然后他转身走了，来也匆匆，去也匆匆。

商业主管看到手里拿着的是一张 50 万美元的支票，由约翰·D.洛克菲勒签名，那可是当时的世界首富！"资金问题再也不是问题了！"他意识到。然而，这个主管还是决定将这张未兑现的支票放入保险箱里。他想，只要知道这张支票在，就会让他有力量找到一种方法来挽救他的生意。

他重新抖擞精神，做成了几笔好买卖，并经过协商延长了付款期限。他关闭了几个大的销售网点。短短几个月内，他就偿清债务，并再次赚钱。整整一年后，他带着那张未兑付的支票返回公园。到约定的时间，老人出现了。但正当商业主管要交回支票并分享他的成功故事时，一名护士跑过来抓住这位老人。"我很高兴抓住他了！"她喊道，"希望他没有打扰你。他总是逃离养老院，并告诉别人他是约翰·D.洛克菲勒。"然后她搀着老人走了。

大吃一惊的高管站在那里，目瞪口呆。整整这一年，他马不停蹄地奔忙着，谈生意，做买卖，对背后那 50 万美元深信不疑。突然间，他意识到，真实也好想象也罢，改变他生活的其实不是这笔钱，而是重拾的自信赋予他力量，进而实现他所追求的一切。

这就是有效心态的厉害之处。你知道口袋里有可以用来救命的 50 万美元，也知道你永远不必兑现支票。有这样的自信难道不好吗？

chapter 6

第六章

目标与结果

注重结果的心态的最大好处之一是获得实现目标的能力。计算机科学家艾伦·凯曾说过一句脍炙人口的名言："预测未来最好的方法就是创造未来。"如果你知道你的价值观，你将有能力按照你认为重要的东西来设定目标。在实现这些目标时，你会尽量减少冲突和不适，因为这目标是你努力的方向，是你真正想要的东西，也是你内心最真实的渴望。

但是，真正成功的人是如何设定目标的？你要怎样利用注重结果的心态更有效地实现你的目标？答案是将大目标分割成可管理的小目标。

分割法

庞大的目标刚开始可能会显得有些骇人。你想成大事，布大局，却不知道要从哪里开始。如何吃掉一头大象？一次吃一

第六章
目标与结果

口即可。分割法是一种很有效的方法，共分为两种操作：切分与拓展。切分指的是把较大的概念切分为较小的信息单位。例如，把"动物"切分为"家禽""啮齿动物"，把 "机器"分解成更小的"汽车""电脑"。

拓展恰恰相反，是指将某些事物从特定的类别扩展到更广泛的类别。例如， "车"可被拓展为"运输"或"旅行"；"焦虑"这个概念则可被拓展为"心理不适"。

分割法很重要，因为它可以帮助你实现目标。我记得我上大学的时候，我的目标是同时获得哲学博士学位和医学博士学位。但是当我遇到第一个麻烦后，就长久地停滞不前。如果我早一点知道分割法，就会重新规划我的生活，在三年内获得哲学博士学位，然后去上医学院。我会逐月安排工作，走好每一步，以实现更大的目标。

你也可以使用分割法来实现更抽象的目标。"慷慨"是个无形的概念，但一位名叫威廉·里昂的开发商通过建造"奥兰治伍德儿童之家"，在加州奥兰治县为受性骚扰和受虐待的儿童提供避难所。事实上，里昂每年向这个慈善机构捐款超过25万美元。

虽然里昂可能没有具体地想过，但是通过捐助的行为，他把"慷慨"这个概念分割成了可以实现的目标。接下来，他把

心态制胜
New Mindsets New Results

目标分割成一个更具体的行动，即向一家慈善机构，也就是奥兰治伍德儿童之家基金会捐款。

让我们为你设想一个宏伟的大目标，你的目标是日后投身于美容行业。将这个目标切分，你会得到一个较小的目标，即成为一名美容师。你还可以把它切分成：为期两年的美容课程、学习如何设计头发、发现其他美容秘诀。

还记得多年前，我的目标是成为名人。在我 14 岁的时候，我和一个朋友去圣迭戈体育馆听赫伯·阿尔珀特的演唱会。20 世纪 60 年代末，阿尔珀特所在的组合是全美最受欢迎的演唱团体之一。走进体育场后，我被震惊了，那里至少聚集了上万名乐迷。我坐在那里，幻想着自己有一天也能成为像阿尔珀特一样特别的人。我再也不甘于做人群中的无名之辈，我要让所有人都知道我是谁。

多么有趣啊！许多年后，我以写书和在世界各地巡回演讲为工作。而这很可能是多年前在那个体育场上发生的事情的结果。你的信念和价值观始终伴随着你，在无意间成为你的一部分，指导着你每天所做的许多事情。

这其实不无道理。想想你曾经想要完成的目标。你是不是缺少实现这些目标的心态？之所以辞职，是不是因为你的目标与你的信念和价值观不一致？它们对你来说不够重要，是因为你对它们不够信任。

记得几年前，由于我的身高，我被迫去打篮球。我想留在球队里，却没有其他孩子那种努力训练的动力。可以想象，我最终被球队裁掉了。尽管我说了其他的话，但是留在队里这个愿望不足以让我做出那么大的牺牲。我没有注重结果的心态。当我被裁掉的时候，我认为这是对我能力的侮辱，并指责教练不喜欢我。

培养注重结果的心态意味着你愿意为你想要的东西付出努力。如果你从一开始就不想做某件事，那么你在做这件事的时候，很有可能会失败。这反过来又导致沮丧，这对有效心态有害无益。同样，如果你从未想过要获得大学学位，就很难要求自己在大学里取得更好的成绩。如果苗条的身材不值得你努力的话，不管你读了多少减肥书，减肥同样困难。不管你告诉别人多少次，你真的想花更多的时间与家人在一起，如果你打心眼儿里不重视家人，也不会留出陪伴家人的时间。

实现与你的价值观相反的目标非常困难。目标很重要，但价值观是基石。如果你的心态之下的价值观和信念是不稳定的，那么你的目标也不可能稳定。

最近的一项民意调查显示，52% 的高管表示，如果他们在职业生涯早期就知道自己多年后依然从事这个岗位，他们当初一定不会选择这条路。另一项研究显示，83% 的人不喜欢自己的工作，所以会为了更好的机会而辞职。

设定目标的 4 个关键

你准备好设定可实现的目标了吗？有四个关键点需要记住。它们是：

1. 具象

设想一个你可以为之努力的具体目标。例如"我想在五年内上完大学"或"我想在五年内成为目前所在公司的高层经理"。渴望成功是人们的共同目标，但每个人的成功都是不同的。你需要思考对你来说重要的东西是什么，然后把目标分割成一个个小目标。找到特定的单词和短语来描述它。

同样，使用可衡量的标准，以判断你是否达成了目标。如果你的目标看起来很大，不要担心，没有不切实际的目标，只有不切实际的时间框架。这话听上去也许有些老套，可是与其把眼光放得太低，不如去计划一些大事。

2.制定短期（近期）、中期（未来三至五年）和长期（五年以上）目标

制定长期目标，然后设立中期和短期目标，最终达到目的。20世纪80年代初，为纽约人寿保险公司提供咨询服务时，我问一位销售员什么样的目标可以激励他。他说："我的目标是要快乐。"我告诉他，写下三个具体的目标可以帮助他提升幸福感。他回答，一辆奔驰560SEL、10万美元的短期投资、每天下午5点回家。

3.甘愿为实现目标努力

如果你的目标是每周读一本书，你就得花时间去做。这可能意味着少看电视，选择乘坐公共交通工具或者晚上少睡觉。你能做到这些吗？你愿意这么做吗？

我哥哥凯文的工作室向中小型企业销售人员出售培训视频。凯文的销售员罗伯特最近赚了一大笔钱。可是他有酗酒和吸毒的问题。多次警告无效后，凯文只得解雇了他。罗伯特向凯文乞求原谅，希望能重新回来工作。凯文为这个年轻人感到难过，又雇了他。他告诉罗伯特，如果这种行为再次发生，他还是得离开。

还不到一个月，罗伯特再次沉迷于饮酒、吸毒，连续三天没来上班。凯文问他为什么愿意放弃他非常珍惜的工作。罗伯

特说，他不知道如何对他的朋友说"不"。这是固定型心态的另一个例子。对罗伯特而言，他的朋友就是他的全部。他的心态不足以让他变得更好，没有注重结果的心态，罗伯特就无法长期保持清醒。罗伯特不愿意为了未来的收益冒险拒绝他的朋友。由于心态不好，他很容易受到坏朋友的影响。

4. 追求目标时，保持注重结果的心态

如亨利·福特所说："当你看到众多困难的时候，通常是你忘记目标的时候。"没有将梦想实现的信心，你的渴望永远不可能实现。随身携带象征你目标的东西可帮助你保持注重结果的心态。例如，在我打职业网球时，一位球员曾向我吐露，他钱包里一直藏着一张美国网球公开赛奖杯的照片。每天早上他都会把它拿出来，在吃早餐时盯着它看。这让他在接下来的一天保持动力。

你可以每天留出几分钟来看看代表你目标的图片，时刻记住它们。通过这种方式，你可以评估你的进度并做出更正，以确保你是向着目标努力的。

第六章
目标与结果

注重结果

如果说"目标"是你希望在某个日期之前实现的东西，那么"结果"就是你在实现目标之前体验的目标。结果是你能看到、听到和感觉到的目标。拥有一栋新房子是一个目标，看到一栋带拱形天花板的房子、樱桃木厨房和俯瞰大海的阳台则是一个结果。

我的导师珍妮·拉博德是这样定义目标和结果之间的差异的：目标就像刚刚被打开的铅笔盒，结果是铅笔盒里的铅笔。这些铅笔被削得整整齐齐，而且十分好用。以下是创造结果的五个方法：

1.专注于实际的结果。

2.对结果做出积极的规划。

3.感知并观察你获得结果时的感受。

4.确保它们与对你而言重要的结果完全吻合。请在此处使用外向型心态。

5.确保你的成果包含短期、中期和长期目标。

下面让我们来看一看第一步。打个比方，如果你的目标是变富有，那么相应地，你的结果是拥有一定数量的钱。更具体地说，如果你的目标是获得六位数的收入，那么理想的结果可能是 101500 美元年薪。你还需要把收入超过 10 万美元的感觉视觉化，再好好体会这种感觉。

如果你的目标是获得更好的家庭生活，你的结果可能是想象自己每天至少能花一个小时陪伴你的配偶和孩子。如果你的目标是接受更多的教育，结果可能是在三年内获得 MBA 学位。你可以想象一下在一家大企业担任管理层是什么样子的。

第二步是积极面对你想要的东西。我听到一位离婚的妈妈说，"我的目标是不让我的前夫得到孩子的监护权"。你是否看出了后退式的元模式？这不是一个理想的结果，因为这个人最终可能会带来伤害，不仅对她自己，也对她的孩子。更积极的结果将是，"我的目标是确保我的孩子有一个稳定的家庭生活"。设定积极的结果更容易实现，可以防止与生活的其他方面发生冲突。

当你为其他人所信仰的事物努力时，会出现另一种积极的结果。以吸烟为例。他人不仅能够与你戒烟的目标联系起来，他们还可以在你朝着目标努力时鼓励并帮助你，让你保持动力。

第三步是感知你获得结果后的感受。正如我们已经看到的，语言、神经处理和心理语言学的知名研究人员发现，人们主要使用三种感官中的一种来思考：视觉、听觉和感觉。我们可以把这个信息应用于第三步。

例如，如果你的目标是富裕，而你想要的结果是明年要赚10万美元，那么你可以想象10万美元的崭新绿色钞票装在美国财政部盖章的纸袋里的样子。或者，当你翻阅账单时，你也许能听见账单发出的沙沙声。你可以想象这些钞票略粗糙的边缘，感受钞票与笔记本的纸质有何不同。通过这种方式，你可以在获得实际结果之前看到、听到或感觉到你期望的东西。

你不能把这套方法应用到目标上。目标只是你想完成的事情，而结果让你在真正实现目标之前体验到目标。

第四步是确保你的愿望与你的其他价值观相吻合。我最近遇到一位女士，她想花钱装修她的房子。不巧的是，她丈夫的目标是搬新家。他不想再花更多的钱在他们现有的房子上，所以妻子的翻新目标与丈夫的目标有直接冲突。假如这位女士愿意听一听她丈夫的想法，她可能会发现她的丈夫愿意增加房屋的价值，以便日后转卖。这位女士若能劝说她的丈夫，翻新房屋可让房屋增值，他们两人最后也许能达成一致。

第五步是制定短期、中期和长期目标。让我们再以吸烟为例。假设你想在三个月内戒烟。你可以把第一个目标定在下周，在此期间，你每天要少吸三支烟。下一个目标可以放在三个月后，思考三个月后你要把吸烟量降到哪种程度。

心态制胜
New Mindsets New Results

雕塑家奥古斯特·罗丹被问及他是如何创造出非凡的雕像时。罗丹的回答是："我选了一块大理石，砍掉了我不需要的东西。" 在选择结果时，这可能是一个不错的方法。无论你做什么，都不要照搬下面故事中各个执法机构所使用的方法。

洛杉矶警察局、联邦调查局和中情局都想证明自己最擅长缉捕犯人，总统决定考验下他们，就放了只兔子在林子里，让他们各自去逮它。

中情局介入了。他们在整个林子里布下动物线人，又询问了所有植物与矿物目击者。在三个月的广泛调查取证后，他们认定兔子并不存在。

联邦调查局介入了。两周内未得到任何线索，他们就在林子里放了把火，把里边东西全给烧死了，连那只兔子在内。他们没有丝毫歉意，因为全是兔子惹的祸。

洛杉矶警察局介入了。两小时后，他们带着一头打得很惨的熊走出来。熊哀号着："得咧，得咧，我就是兔子，我就是兔子。"

几年前，我遇到了一个饱受压力困扰的妈妈。她抱怨她需要做所有的工作，却根本抽不出空来。她不知道自己想要什么。我问她最看重什么，她说当然是她的孩子。我又问到了她的目标。这位妈妈有一个清单，她想让孩子们受到良好的教育，在家中感到快乐，有安全感并时时都能感受到被爱。

我请她告诉我，她怎么知道她的孩子是否受到了良好的教育。她说学校的荣誉册能证明这一点。我又问她，她如何才能确保他们出现在荣誉册上。她说，如果他们每天努力完成作业，就可以做到。

我不明白这为什么会增加这位母亲的压力。她告诉我，她的大部分压力都出现在孩子们放学后的时间。当她做晚饭时，孩子们打打闹闹，把房子弄得一团乱。我又问："如果他们每天做完作业再看电视，吃晚饭前不到你跟前烦你，也不打架，你会放松些吗？"

她微笑着说："如果你能做到这一点，你会是我一辈子的好朋友。"

我更近一步，请她想象自己梦想中的房子在工作日看起来如何，有什么样的声音。她说："一切都很安静。我的孩子在自己的房间里学习。他们偶尔来问我一个关于家庭作业问题，和我说'谢谢，妈妈'。然后回去接着学习。我听到他们亲切地交谈，没有争吵。然后，当我喊他们来吃饭时，他们告诉我家庭作业都做完了。"这位妈妈在她的精神图像中非常详细地描绘了一个幸福的家庭看起来、听起来和感觉起来的样子。

发现这个过于劳累的妈妈的价值观和目标，是创造她想要的结果的第一步。虽然还有很多工作要做，但她总算走上了正轨。

和这个女人一样，你也能评估你的价值观，合理设定目标并且专注于结果。也许梦想就是由这些东西组成的？有了注重结果的心态，你的梦想就能成真。

chapter 7

第七章

使用行为契约

心态制胜
New Mindsets New Results

马克和朱莉婚姻美满，至少对他们而言如此。他们育有三个孩子。朱莉选择做全职妈妈。因为已经有人在家陪伴孩子，所以马克通常要到晚上6点才会回家。朱莉要负责做晚饭，洗碗，哄孩子睡觉。马克则会在妻子洗碗时陪孩子们玩耍。

虽然朱莉有能力整理车库，但马克总是积极参与。他会给鸟补充饲料，修复破碎的玩具，并确保朱莉每天早上都有木材可以烧柴炉。每装好一担木头，他也会做好相应的清洁工作。

朱莉几乎承担了所有的清扫工作。如果朱莉提出要求的话，马克会将装满脏尿布的脏衣桶拖到洗衣房里。有需要的时候，他也会把更重的地毯拿出来洗。朱莉负责地板、墙壁、水槽和厕所的全部除尘和擦洗工作。

他们的一位木匠朋友对朱莉说，"你确实让马克的生活变得容易了"。

朱莉很惊讶。她回答说："他也为我做了很多事。"马克非常理解她为家庭付出的努力，这让朱莉感到很宽慰。她没有

第七章
使用行为契约

花时间在整理车库，修理玩具，打扫农舍上。她对这些不太感兴趣，也不太熟练。

马克的回报也是实实在在的。虽然他会烹饪和清洁，但他很高兴自己不必这样做。他的兴趣在别处，这样他能够把业余时间都花在自己感兴趣的事情上。他每天晚上都能回到一个干净、舒适的房子里，有热气腾腾的晚餐在餐桌上。

不知何故，他们从来没有真正讨论过这个问题，但他们的确想出来一个对双方都有利的办法。两个人都会认真完成各自需要负责的家务。

布鲁克林道奇棒球队的前老板科·里奇曾经说过："运气都是设计出来的。"设计运气可以从拟定合同开始。尽管上面故事中的朱莉和马克可能没有考虑过这个问题，但他们事实上使用了一种微妙的合同形式来维持他们的家，让他们满意彼此。

对我们大多数人来说，合同不是什么新鲜事物。我们都受合同约束，无论是书面的还是口头的。每天去上班是我们和雇主的合同，保持院子清洁可能是我们和邻居的不言自明的合同。与合作伙伴之间的理解、体贴和善意可能也是一种合同。

尽管我们大多数人都有这样或那样的致命弱点，让我们难以保持一贯有效的心态，但社会的法律（合同的另一个名字）

教导我们大多数人至少要为我们的社会行为负责。

使用行为契约可以帮助你从固定的、内在的心态转变为注重结果的心态。你还将发现通过对自己想要做出的行为进行奖励，这些行为反过来又会帮助你获得结果，收获生活的掌控感。

如果你成功地完成了以下 4 至 6 周的行为契约，你会发现你对于目标的承诺，以及你在生活中的享受和成就都会迅速提升。时间不用太长，4 到 6 周结束时，你将养成习惯性的新行为。

行为契约实际上是你对自己许下的承诺或协议，帮助你成长为你想成为的人（你也可以让另一个人如你的伴侣来帮助你提升你的整体表现）。

既然奖励是培养新习惯和改变旧习惯的最有效方法，那么你可以因为遵守承诺或协议而奖励自己。大多数人把惩罚作为改变的动力。惩罚虽然可以有效地改掉习惯，但它也会引起怨恨和不良情绪。简而言之，惩罚不如奖励有效。

奖励自己

奖励的价值在生命的早期就体现出来了。奖励首先出现在一些小事上。当你还是小孩子时，你的父母可能会感谢你铺了床或捡起玩具。他们可能会因为你在文法学校的成绩或者你参加的体育赛事感到自豪。不仅如此，他们也许会规定你玩耍的时间，以确保你能按时完成作业。

行为养成

你的父母也许不会刻意这样做，但有效地使用奖励被称为"行为塑造"。行为塑造可以塑造和培养儿童，它可以帮你培养自律。以下四种方法可以塑造你的行为。

1. 奖励特定行为。

2. 扣发与特定行为相关的奖励。

3. 对某种行为进行惩罚。

4. 始终如一地使用奖励流程来维护特定的行为。

下面让我们具体聊一聊。

1. 申请奖励

假设你试图避免在两餐之间进食。节食很难，因为食物本身就是一种奖励，很难抵抗，所以你可以和自己做一笔交易，如果你一周不吃零食，你可以用新衣服或新运动外套来奖励自己。

2. 暂缓奖励

暂缓发放奖励可以按照同样的思路进行。例如，你知道你必须在每月的第一天支付账单，但你总是延迟支付。你因为拖延受到了惩罚。并不是说你没有钱，而是因为你无法自律地按时向银行缴费。所以你可以和自己做一笔交易：如果你不定期支付账单，你将无法观看你喜欢的电视节目。

3. 实施惩罚

尽管惩罚有明显的缺点，但是惩罚是塑造行为的第三种方式。假设你需要每晚学习一个小时，却一直没能做到。你可能会惩罚自己，如罚自己打扫一小时庭院。这有点像双重打击。需要注意的是，这不是培养良好心态的最有效方法。如果你没有注重结果的心态，你可能也没有惩罚自己的动力。

4. 始终如一地使用奖励流程

这是培养良好心态的最有效方法。偶尔一次的良好心态并不足以养成一种习惯。你必须在几周内保持一致，才能成功塑造某种行为。

获得奖励的速度越快，对你的行为的影响就越大。想想你在狂欢节或县集市上玩的游戏。你只要花一美元就能参加比赛，而且有机会在比赛中获得大奖。如果你不得不等待你的奖品邮寄过来，你花这一美元的可能性有多大？恐怕不是很大吧。

我们有时也会采取延时奖励，比如等待投资回报。延时奖励对我们行为的影响最小。这也意味着它不太可能创造出注重结果的心态。

为了让效率最大化，你也可以使用延迟奖励。这个延迟奖励可以是年终奖金，墙上的奖状或者是周末和你的配偶一起出去吃饭。但是你应该在达成一定目标后才能奖励自己。

选择你的奖励

"奖励"这种行为契约能帮助你培养实现目标所需的自律。这意味着，你首先需要确定哪些奖励最能让你快乐，对你的激励作用最大。要做到这一点，请参考下页的"奖励与强化"表。表格上面列出了针对自律行为的一些奖励。现在花一点时间检查一下哪些奖励是最吸引你的，同时在空白格内打钩，并补充列表中的内容。

接下来，跳到"重要性"这一列。从一到十，评价每项奖励对你的重要性，其中"一"代表最不重要，"十"代表最重要。此评级对于有效使用奖励至关重要，只有那些你评分为五及以上的活动才能有效培养你的自律力。

心态制胜
New Mindsets New Results

    下一列是"花费的时间"。这是指你花在你认为值得奖励的活动上的时间。衡量你花在某项活动上的时间是很重要的，因为它关系到你是否会把它作为即时或延迟的奖励。很显然，你不会每个周末都奖励自己，哪怕那一周你做了一些值得奖励的事情。

    最后一列是"频率"。你多久做一次你认为有回报的活动？同样，这关系到你是否会把它作为即时或延迟的奖励。它还将帮助你决定哪一种奖励对强化你想要的行为最有效。

奖励与强化			
✓ 活动	重要性	花费的时间	频率
看电视			
听收音机			
喝杯茶或咖啡			
独处			
看报纸			
读书			
读杂志			
锻炼（慢跑、水疗、有氧运动）			
兴趣			
泡泡浴			

第七章

使用行为契约

吃喜欢的食物			
看电影，出去玩，听音乐会			
运动(网球、滑雪、游泳)			
吃晚餐			
吸烟			

接下来让我们看看名为"行为契约"的工作表。

此工作表的顶部两列标记为"如果"和"然后"。"如果"列表示你希望自己能更加努力的目标。填写"如果"部分，可以是"如果我每天做6次上门推销""如果我每天读一个章节""如果我坚持节食"或者其他目标。

完成此操作后，转到"然后"列。"然后"代表从履行"如果"和改变你的行为中获得的回报。"如果"列写的是"如果我每天打5个销售电话"，"然后"列你可以写"然后我可以看晚间新闻。"

"然后"部分可以从"奖励和强化"表中删去（但不必要）。如果你将其评分定为六及以上，你可以使用任何奖励。

"如果"和"然后"列正下方的是"奖励"的部分。"奖励"是成功完成每周目标的奖励。比如，在星期六晚上去一家餐馆吃晚餐。从本质上讲，它是任何你认为有益并能在未来强化你的目标的东西。

153

心态制胜
New Mindsets New Results

　　"奖励"部分正下方的是"控制"。为此，你需要一个合作伙伴。最好是你的配偶或与你共事的人。合作伙伴可以帮助你执行此合同，并在整个计划中鼓励你。因为即使我们没有获得奖励，出于人类天性，我们通常也会合理地给予自己奖励。合作伙伴不仅仅能给你鼓励，还是帮助你执行计划的必要部分。因此，这个合作伙伴需要是你每天都能看到的人、真正支持你的人、可以与你讨论你的目标和成就的人，以及能够在接下来的 4 到 6 周支持你的努力的人。他们理解你的目标和愿望，而且与你同心同意。

行为契约

有效期：

如果		然后	
如果		然后	
如果		然后	
奖励			
控制			

签约人：

合作伙伴：

此合同将在（　　）（时间）进行审核

第七章
使用行为契约

不要让潜在的竞争对手做你的合作伙伴，这会让你失望。如果你选择同事做合作伙伴，他们可能会将你视为他们工作上的竞争对手。例如，如果你的表现突出，你可能更容易得到他们想要的工作岗位。

关于计划的进展，你每天至少需要与合作伙伴互动一次。此外，你需要完成每周活动日志，让你的合作伙伴能够查看你做了多少。活动日志可帮助你记录活动，使你更接近目标。

为了进一步帮助你投身于这个计划，请向你的合作伙伴开出一张 200 美元的支票。如果你未能完成合同规定的任务，没能在应该获得奖励时奖励自己，没有与你的伙伴互动，没有完成每周的计划表，或者因为任何原因退出计划（除非你改变了目标），你都会把这 200 美元输给你的合作伙伴。如果你在 4 到 6 周计划结束前放弃，无论是否经你许可，你的伙伴都可以兑现支票，然后以他认为合适的任何方式花掉这笔钱。

现在，选择一个你要在未来的 4 到 6 周内努力的目标。如果这是一个大目标，比如每年赚 10 万美元，把它除以 12，那么你每个月大概需要赚 8500 美元。再进一步分解，你每周需要赚 2000 美元。如果你愿意，甚至可以将这个大目标分解为每日目标。

注重结果的心态会创造你的行为。我们之所以在目标和结果上花费了这么多时间，是因为凭借出色的心态，实现目标变得更容易，压力也更小。因此，利用奖励的方法来实现目标也能帮助你培养更好的心态。它可以强化你的想法，让你相信自己可以克服未来的任何障碍，达成任何目标。

我认识一位电脑配件销售人员，他一直没能达到自己的目标。他似乎总会因为障碍分心。每次失败都会让他的心态受挫。他失去了信心，可他实际上完全可以改善自己的生活。当你设定目标却没有实现，就不要再设定更多的目标了。这个销售员想拥有一艘 9.44 米的皮尔森游艇，价值约 5 万美元。他每月只挣 2000 美元。他每周销售两次，每月销售 8 次，平均佣金约为 250 美元。不难看出，别说买游艇了，哪怕只是租游艇对他来说都很困难。令人想不到的是，这位老哥居然通过设定目标，在两个月内买到了那艘游艇。他的目标取决于更高的收入，这需要他增加他的销售量。根据平均数据，要想达成一次成交，他至少需要见两个潜在买主。要想见两个潜在买主，他至少需要达成三个约见意向。要达成三个约见意向，他需要打 10 个电话。

平均数据显示，这位销售员每周大约给 20 个人打电话，每天达成两个约见意向，见两次客户，每周达成两笔交易，赚取 500 美元。而租游艇每月需花费 600 美元。对于这个销售员来说，这意味着每月要多完成三次销售。也就是说，他每个月需要多打 30 个电话，每周多打 8 个电话。此外，他每个月还要多见 6

个潜在客户。为了维持他现在的生活水平，他需要做的不仅仅是销售。

如果在你看来，这样的工作量很大，请记住"强制效率定律"（The law of forced efficiency）。在这个例子中，销售员在面对更多的电话时，发现了更简单的方法来实现他的目标。他没有更努力地工作，只是改变了工作方法，提高了效率。

他开始计划的方式非常简单。我们知道他在活动方面有多么努力，每天做四次电话推销，达成两个约见意向，拜访两名潜在客户，平均两天成交一次。虽然他最终必须增加工作量，但我们让他在目前正常的工作量上适应该计划。

他的"奖励与强化"表格表明，对他而言重要性达到六或者以上的活动包括：看电视、打网球、喝咖啡。他还喜欢周末出去吃饭。我们决定把喝咖啡与打电话联系起来。每打一个电话，他就可以喝一口咖啡。要是不打电话，那他一天都不能喝咖啡。因为他喜欢在晚上看电视，我们把每晚一小时的电视时间与联系客户关联在一起。如果他不联系客户或者没能达成约见意向，那天晚上就不能看电视。

如果这看起来很苛刻，请不要相信。这都是他自己的主意。这些都是他已经得到的奖励。在他的新计划中，这些奖励成为强化因素。

最后一个可关联的活动是打网球。由于他非常喜欢打网球，每周都打几次，我们把约见潜在客户与打网球关联起来。每约见两名潜在客户，他就可以在下午和晚上打一会儿网球。关于成交数量，我们没有设定相应的奖励。但是如果他的工作量增加，成交的数量自然会增加。如果他完成了本周所有目标，作为奖励，他可以去一家不错的餐厅进餐。

第二周，他每天多打一个电话。直到第四周，他的约见意向和次数才有了增加。通过缓慢、稳定的增加，他能够逐渐适应额外的工作，防止突然的压力和紧张。他渐渐培养着自律力。到第六周，他的销售数量翻了三倍，因为他的工作量增加了两倍。后来，即使他的工作量减少，也能保持较高的销售水平。就这样，他学会了更聪明、更高效的工作方法，最终以全款买下游艇。

在另一个案例中，我的客户是一个没时间阅读专业书籍和文章的经理人。他的目标行为是培养注重结果的心态，提高工作效率，增加收入。提高了技能，你就能赚更多的钱。他的目标是每天阅读一个章节，并在他的每周活动日志上进行记录。他看到了这个目标的许多好处。通过阅读，他会得到更多的信息，提高他的个人价值。阅读还能让他获得新的技能，而更好的能力可以直接提高他的薪水。他将会对工作产生更多的兴趣，因为他对整个行业都有更多的了解。

我们让这个经理从一个非常简单的项目开始，鼓励他每天多读一页。读一页书只需要花一分钟，但只要把书拿出来，读一下，就足以养成阅读的习惯。随着时间的推移，我们增加了他阅读的页数。最重要的开始，是确保他能把书拿出来。

我们从他的"奖励与强化"表上发现，他喜欢在中午散步。对他而言，散步的重要指数是8。所以只要他在午餐时读一页书，他就可以在中午散步。第四周后，他的目标增加了。每阅读五页，他才能获得一次散步的机会。他的进步很慢，大约需要六个星期后才能做到每天阅读十页或一个章节。一旦他周一到周五都完成了阅读目标，就能获得额外的奖励，能在周末打高尔夫球。

还有一个例子，一个在某家大型股票经纪公司工作的销售员很讨厌挖掘客户。事实上，他几乎从不肯这样做。他的生意已走到失败的边缘，可是即使如此，他仍然无法强迫自己拨打推销电话。我问他每天早上喜欢吃什么零食。他告诉我香蕉。所以我把一小块香蕉作为奖励，和电话推销联系起来。大约一个月后，这位销售员的电话推销数量超过了150%。他依然不喜欢电话推销，但是他每打一通电话，就可以为自己赢得一小块香蕉。尽管看起来幼稚，但是把愉快的体验和不愉快的体验联系起来，不愉快的体验也就变得不那么让人难以接受了。

经常有人和我说："我现在每天抽两包烟，但我的目标是戒烟。我想明天就把烟戒掉。我要如何培养新的心态来实现这个目标呢？"事实上，你需要建立一个系统的流程，通过这个流程逐步改变，最终实现永久的改变。没有这样的流程，大多数人都永远无法维持改变。

虽然我建议你在使用强化表后的第一周左右增加活动量，或者在你感到舒适时尽快开始，但请记住，你始终要从目前的活动水平开始。保持这个水平一两个星期，直到适应。如果你做了太多改变，你会感受到压力并想退出。只有在适应后才能增加活动量。在你已经习惯了目前的活动水平之前，不要盲目进入下一个阶段。

例如，如果要求一个销售员从一天打几个电话变成一天打几百个电话。不到三天，他就会失去节奏，而且无法达成目标。

出于同样的原因，我不得不强调完成目标时的即时奖励有多么重要。即时奖励可帮助你更快地增加活动量。很多人会在完成小目标以后奖励自己喝一口果汁或者吃几个坚果。

象征式奖励

通过即时奖励来增加活动或目标行为的另一种方法是使用

第七章
使用行为契约

象征式奖励。毕竟，我们大多数人可能不会在每次打电话后都吃一块糖果。当你不想或不应该获得奖励时，象征式奖励同样可以很好地为你提供即时奖励。它们可以是诸如扑克筹码、代币甚至纸夹之类的东西。

例如，你可以在行为合同上写明：每当你向员工说些好话时，你将收到一个代币。每个代币可能代表半小时的电视时间或一杯咖啡。每五个代币，就允许自己打一小时网球或者打一小时高尔夫球。

你还可以通过代币形成准时的心态。我确实认为这是一个心态问题。但迟到也表明你认为你的时间比与你要见的人的时间更有价值。

刚开始，你可以因为自己比预定的时间早十分钟出门获得一枚代币。接下来的一周或一个月，只有准时到公司才能得到代币。再后来，你必须提前到公司才能得到代币。这宗方法可以帮助你形成新的、准时的心态。

我的一位心理学家朋友曾经和密歇根大学足球队合作。狼队是全美大学生体育协会（NCAA）史上最好的足球队之一，可是他们不是从一开始就这样优秀的。几年前，我的朋友提出，象征式奖励是一个有效工具，能帮助密歇根大学的球员培养赢家的心态。大多数教练都知道，赢球其实是一种心态。你可以

161

心态制胜
New Mindsets New Results

学习如何赢或怎样输，但两者都是心态。

在心理医生的建议下，教练组开始在球员的头盔上贴上小贴纸。每取得一次大的进步球员们就会得到一张贴纸。近端手和外接手每接到一个球，也会得到贴纸。

令他们惊讶的是，教练组发现球员们总有理由为自己争取到贴纸！队员们学会了如何更加努力地训练，更聪明地减少失误。这很像军队用军衔来表示等级，用奖章来奖励有功之人。通过所有人都能看到和想得到的奖励来表彰，是几乎所有人都认可的方式。这通常比金钱更有价值。顺便说一句，金钱本身就是一种象征。

使用契约，当你设计的行为奖励有助于实现目标行为时，你将会惊异于变化之快。更重要的是，你可以使用此契约来更改或强化你想要的任何行为。你所要做的就是坚持下去。当你这样做时，你将保留一份你将要做的最重要的协议——与你自己达成协议，培养注重结果的心态并实现你的目标。

chapter 8

第八章

心态怎样改变你的
大脑

心态制胜
New Mindsets New Results

到目前为止，我们已经讨论了心态为什么如此重要。这是因为它们能创造更好的学习行为，这反过来又创造了更好的学习结果。一些研究表明了信念与大脑活动之间的关系。当具有注重结果的心态的人犯了错误时，他们的大脑活动会比固定型心态的人强烈得多。同样，犯下错误时，有能力克服障碍的人与不期望改善的人的大脑活动程度也是不一样的。

事实上，那些具有注重结果的心态的人似乎比固定型心态的人更关注错误。这些人更有可能改正自己的错误。犯错时，那些具有成长型心态的人的大脑反应会增强。他们更加关注错误，有改善行为的意愿。

固定型心态的人有一种僵化的想法，认为你的现在就是你的将来。因此，要建立价值和自我价值，你必须忽略你的挫折和失败，而不是更加努力地纠正它们。固定型心态也会导致消极的思维。

根据神经心理学家里克·汉森的说法，人们总是自然地采取消极心态。我们的大脑倾向于把好消息记在心里，把注意力集中在坏的方面。这有点像人们说的："我有一个好消息和一个坏消息，你要先听哪一个？" 大多数人最自然的反应会是："告诉我坏消息。好消息什么的，根本不重要。" 汉森认为，人类之所以会有这样的反应，是因为进化。如果你是一个穴居人，摆在你面前的有两个选择：一、去采集食物；二、避免危险。你会为了避免危险推迟采集食物的时间。如果你无法避开危险，哪怕再多的食物对你来说也不重要。进化心理学家认为，我们的行为方式和大脑构造都是人类进化的结果。

在最近一项针对"千禧一代"的研究显示，大约20%的人曾因为职场抑郁症向专业人士寻求建议。这个百分比高于以往任何一代人。19至37岁的千禧一代女性每月有4.9天心理状态不佳，千禧一代男性每月平均有3.6天心理状态不佳。我们的大脑非常专注于压力，即使它们没那么重要，也不会威胁到你的生命。有趣的是，消极事件带来的大脑活动比积极事件更强烈。例如，汉森发现，比起开心的面孔，人们能更容易识别出愤怒的面孔。这个研究是在视觉记忆测试镜的辅助下完成的。人脸只会在被测试者的眼前闪烁十分之一秒。威胁因素（比如愤怒的脸）会导致逃跑或战斗反应。这意味着人们要么需要奋起反抗，要么需要逃跑。负责此反应的区域是大脑的边缘系统。

你的大脑似乎被涂抹了负面体验，被特氟龙胶带粘住了积极的部分。思维方式中最难改变的东西是，在大脑中更长时间地保存积极体验，更迅速地忘记消极体验。一种被称为"杏仁核"的大脑系统负责这种心态。你有两个这样的杏仁形状的区域，头部两侧各有一个。杏仁核已经准备好记忆负面情绪。一旦杏仁核被触发，负面事件和体验就会被快速存储。相比之下，积极的体验需要在你的记忆中保存至少15到30秒才能从短期记忆的缓冲区转移到长期记忆中。

多年来，我经常对我的听众们说，我们会在一天之内遗忘我们听到的东西的70%，在三天内遗忘90%。你可以通过重复或提高注意力来锻炼你的长期记忆。例如，如果我想记住一个电话号码，我可以重复五次，第二天再重复五次。这种间隔重复肯定会帮助你将事件转移到长期记忆中。记住电话号码的一个方法是把它与你的生活或经历过的事件联系起来。例如，如果我想记住405-6297，我会通过南加州的405高速公路，我今年的年龄以及我对自己寿命的预期来记住它。这样一来，只需要30秒就能记住这串数字，并且把它储存在长期记忆中。

之所以讨论这个，是因为你可以通过更多地关注发生在你身上的好事，把消极的心态转变为积极的心态。我们的大脑会

第八章
心态怎样改变你的大脑

自然而然地记住负面事物，所以我们必须更加努力地专注于积极的体验。让积极事物在你的大脑中停留至少 30 秒，在一天之内回忆起它们，你才有可能具有更积极的心态。而这实际上也会改变你大脑的物理结构和构成。

你是反刍型的焦虑者吗

反刍（Rumination）这个心理学概念指的是人们不断回顾某个场景并专注于它的消极方面。你越是关注负面事件，就越会强化消极型心态。

我最近在一场圣诞聚会上得知，我所在的网球俱乐部有一名活动策划者即将退休。我向一位女士提到过这件事，她对我说这实在是个好消息。她立即回忆起一次网球巡回赛，在那次比赛中，这位活动策划者的表现很糟糕。她很快又回忆起此人犯的另一个错误和两次不愉快的互动。这个退休公告在这位女士身上引发了一连串的坏记忆，没有一点积极的记忆。我真的很想和她聊一聊固定型思维与注重结果的思维有何区别，可我确定这样的话只会惹得她翻白眼。这就是消极心态的产生方式。反刍不愉快事件上只会加深你对它的记忆。

167

心态制胜
New Mindsets New Results

《今日心理学》杂志的一篇文章提到，反刍会破坏大脑的神经结构，影响你的情绪、记忆和感受。即便你的忧虑和压力并不基于现实，杏仁核和丘脑也无法把忧虑和真正的威胁区分开来。

皮质醇是一种可对压力产生反应的激素。这种激素可分解帮助人们形成新记忆的海马体。我们中的许多人可能会在早晨感到焦虑和压力，这表明皮质醇水平很高，而皮质醇会在白天慢慢消散。

《收播新闻》是我最喜欢的电影之一。在电影的第一幕里，一位女制片人正准备去上班。她望着镜子里的自己，突然情绪失控，大哭了五分钟。最疯狂的是，她每天早上都要经历一次这样的过程。女制片人每天早晨把焦虑都释放出来，为减轻工作压力做准备。尽管如此，人们在负面经历、焦虑和反省中释放的皮质醇越多，就越难形成新的积极记忆。

神经科学中有一个概念，叫"经验依赖神经可塑性"（experience-dependent neuroplasticity）。这个概念说的是，当神经元一起燃烧时，它们是连接在一起的。也就是说，我们的大脑创造了反映我们记忆的物理结构，无论它们是积极的还是消极的。你的经验和想法会在你的神经元之间创建新的突触，让你更容易记住这些经历。你的记忆实际上可以改变你的基因并改变你的大脑结构。换句话说，大脑是由你的心态塑造的。

正念

现在你可能很害怕，害怕到根本不想思考。从某种意义上说，这正是专家希望你做的。认知心理学中有一种方法叫"正念"（Mindfulness）。这是对即时体验的非判断性意识。当你通过正念体验事件，你会进入一种冥想状态。在这种状态下，你不会把事件描述为好事或坏事。

你的母亲会不会教你在生气之前先数十个数？她可能是对的。数数的过程让你把你的情绪从刚刚发生的事情中分离出来，让你放松情绪，做出更好的决定。

许多年前，我的一位同事会在手表上滴一滴指甲油。这是提醒他在看手表时审视下自己的想法。例如，当你看到表上的红色指甲油，你会问自己，你的想法是积极的还是消极的。现在你知道，你在每个记忆中花费的时间其实会改变你的大脑结构，使这些记忆更容易被召回。因此，每当你看到指甲油，请立即用最近的积极体验代替消极体验，这会让你尽可能地减轻忧虑。

模式中断

我最喜欢是方法是模式中断技术（pattern interrupt），这种技术可以使你从消极的心态转变成积极的心态。不仅如此，它还能帮助你从固化的、内在型心态转变为注重结果的成长型心态。不合理的想法似乎能像滚雪球一样越滚越大。通过识别这些模式何时进入你的大脑，你可以打断思路。

下次你察觉到焦虑正浮出水面，请立即做一些实际的事情转移你的注意力。比如，站起来，在办公室里走走或者大声说出你在想什么。

打断消极心态的最好方法之一是快速造成身体不适。比如，在手腕上佩戴橡皮筋，当你陷入消极的心态时，猛拉橡皮筋。刺痛会打断消极的思维。再比如，你可以用手表上的指甲油来提醒自己检查心态，当你的想法变成负面的，就猛拉橡皮筋。

替代

你也可以用积极的经验来替代消极的经验。例如，当你遇到一个困难并开始担心时，请抓住橡皮筋并试图回忆你过去是如何克服类似障碍的。

奖励、替换和重复

请立即给出你的奖励。奖励可以是任何东西，从一口咖啡到打电话给你的伴侣，甚至可以是吃一口薄荷糖。

我曾经指导过的一位财务规划师最近使用了这套方法。他的固定型心态告诉他，他没有销售的才能。他知道开拓潜在客户是发展业务的唯一方法，但他却不愿这样做。每次打电话前，他都满头大汗，忍不住心颤。他是这样做的：1.观察自己的恐惧反应；2.用橡皮筋打断自己的恐惧；3.用一次成功的记忆替换恐惧；4.喝杯咖啡作为奖励。这不仅减缓了他的焦虑，还给他的事业带来了帮助。

chapter 9

第九章

怎样在逆境中创造

更好的心态

心态制胜
New Mindsets New Results

卡罗尔·德韦克曾写过一篇文章，讲的是当一切都分崩离析时，人们大多难以保持健康的心态。我们已经讨论过大脑是如何连接到消极神经的。当你成为消极思考下的牺牲品，你会沿着这些思路创建更深的神经通路。越是对否定性进行心理反刍，大脑越会自我重组，让你停滞在消极的状态里。

在《天才的回声》一书中，经济学家托德·布赫霍尔茨告诉我们，奋斗和挑战能让你更加注重结果。当你变得雄心勃勃，乐于接受新的挑战时，你的大脑会产生血清素和多巴胺。多巴胺是大脑的一种兴奋剂。多巴胺分泌得越多，你的感觉就越好。大脑中的多巴胺受体被触发时，你会感觉非常棒。多巴胺受体给人带来的快感是人们滥药的原因之一。可卡因、海洛因和甲基安非他明均可触发这些受体。不幸的是，毒品的使用削弱了受体在一段时间内产生多巴胺的能力。受体实际上变小了。使用者必须使用更多的毒品，让自己再次兴奋起来。但是这些药

174

物毒性很大，随着剂量的增加，死亡的概率也会增加。

当你着手一个新项目时，神经元开始建立新的联系。灰质是中枢神经系统的重要组成部分，使大脑拥有再生能力。当你喝了几杯含酒精的饮料，朋友们会说你刚刚杀死了几十亿只永远不会长大的脑细胞。这句话其实不全对。酒精的确可以杀死脑细胞。但是过去十年的研究表明，脑细胞是可以通过认知参与（cognitive engagement）再生的。此处的认知参与就是不断学习、沟通和挑战自己。导致脑细胞死亡的真正原因其实是我们的不作为。PET 扫描显示脑部，我们的精神状态不佳和身体活动减少时，血清素水平会下降，灰质开始死亡。

如果你在工作中偷奸耍滑，实际上减少的只有你的精神和寿命。我的很多朋友都说他们想一直工作到七十岁，但是刚到六十二岁，他们就只想要每周工作两天。剩下的五天，没有挑战，没有工作，这真的健康吗？参与并完成工作任务，大脑就会释放血清素和多巴胺，这会让你感觉很棒。

你为什么需要奋斗

伟大的棒球手布赫霍尔茨曾直言不讳地说："如果你想快

心态制胜
New Mindsets New Results

速退步，那么今天就退休吧。"退休会削弱人们的认知能力。当人们快要退休时，相比那些依然奋斗在岗位第一线的同龄人，他们的语言能力和思考力都偏低。

退休人员的研究报告让人印象深刻。在美国和丹麦，相比50多岁的男性，60多岁的男性工作的意愿低了33%。在法国和奥地利，这个数字上升到了85%。令人震惊的是，法国和奥地利60岁男性的认知能力比美国与丹麦的低很多。下面的故事能很好地说明这一点。

一天，一个小男孩发现了一个蝴蝶的茧并带回家了。几天后，这个小男孩看到蛹上有个洞。他坐在那里看了几小时，蝴蝶拼命地将自己的身体从洞中向外挤，突然就停住了。

小男孩决定帮助蝴蝶，因为他觉得蝴蝶会很感谢他。他拿起一把剪刀把洞剪大了。蝴蝶出来了，但看起来和普通的不一样。它身体更虚弱，翅膀也更小，也不会飞。事实上，这只蝴蝶只能爬着度过余生，因为它身体虚弱，翅膀也小。它再也飞不起来了。

小男孩好心帮忙，但他不能理解事情怎么会变成这样。当蝴蝶从茧里爬出时，必须用力。这样的努力才能为飞行做准备。如果蝴蝶只是别人从茧里解救出来的，那么它的翅膀就不会固定，也就无法飞行了。

第九章

怎样在逆境中创造更好的心态

　　有时，我们在生活中也需要拼命挣扎，如果我们的生活没有任何问题，我们就无法学习和成长。

　　工作可以强健你的大脑，建立神经回路。当你不工作时，这一有益循环就不再运作。退休或准备退休是问题所在吗？无论是55岁还是65岁，当你开始计划退休时，你的大脑的认知能力就会降低。既然我们不打算使用大脑了，又何必要不断挑战自己，学习新技巧？这就是为什么人们要始终保持注重结果的思维方式。我们越努力学习，大脑就会变得越精神，我们活的时间就越长。

　　几年前，我不断听到老朋友告诉我退休是多么美好。他们有更多的时间陪伴孩子和旅行。当工作中的问题让你彻夜难眠时，退休似乎是一个非常有吸引力的选择。对此，我的朋友布伦有着相反的观点，几年前，由于公司重组，他被迫在65岁那年辞去了国家农场保险的中层经理职务。在此之前，布伦一直希望自己能工作到至少70岁。他非常真诚地说："退休没问题，但我真的希望能够继续工作，工作时我会觉得自己有用，在为世界贡献一己之力。退休的生活也很好，只是没有了那么多乐趣。"

　　这与我从许多退休人员那里得到的反馈大同小异，特别是那些热爱自己工作的人。如果不爱你的工作，退休是值得的。

心态制胜
New Mindsets New Results

但是，大脑研究表明认知能力不使用就会减弱，因此你应该找到一份你喜欢的工作。在 65 或 70 岁退休时，这一期间应该是过渡期。你应该做些别的事情，一些更具挑战性、可以带来收入的事情。

真正幸运的人是那些充满激情的人。这些人非常注重结果。他们试图拯救世界，总是在寻找新的想法或新的方式参与到社会生活中去。医学研究人员一生都在寻找癌症的治疗方法，在找到之前，他们不想退休，他们总是觉得下周或下一个月就可以取得突破。爱因斯坦去世时手里拿着一支笔，还在写解释宇宙的数学公式。艾尼森没有因为他的巨额资产荒废他最后的十年，他死于糖尿病的并发症，而他死前仍然在努力发明和奋斗。

因此，坚持努力工作的关键是确保这是你的激情所在之处。如果充满激情，你会继续做下去，变得更加坚强和敏锐。如果你志不在此，就要试图找到让自己感兴趣的事情并参与进去。

布赫霍尔茨研究了医院看护的情况。这不是一个很吸引人的岗位，他们负责照顾生病和垂死的病人，这些病人们往往无法控制自己的身体机能。有些人很讨厌这份工作，还有一些人则喜欢这份工作。这会有什么区别吗？热爱工作的人很珍惜时间，他们会触摸病人的手，给花儿浇水，与来访者接触沟通，为病床上的人们带去微笑。这些人充满激情而且有使命感。可是那些讨厌这份工作的人觉得自己的工作就只是擦地板。

因此，注重结果的人不仅仅愿意学习和保持积极的心态，他们也会参与其中。因此他们会更敏捷，更长寿，而且比那些固定型心态的人更能体会生命的乐趣。

在职场中发展注重结果的心态

职场，也许是心态的最佳应用场景之一。你生活中的其他领域远没有你的职场更具戏剧性，因为你可以通过更好的心态影响和领导其他人。数据显示，83%的初创企业会在头三年失败，巧合的是，83%的美国工人不喜欢他们的工作。这意味着你的态度，对他人的影响以及在沟通中的心态都与企业的成功与否有很强的相关性。

30多年来，我一直担任着商务教练和演讲者的职位。但是在这期间，我见过的注重结果的客户，每年至少能完成50%的业绩增长。事实上，大多数拥有这些心态的客户每年的业务增长率能超过80%。

在合作之前，我常对潜在客户说三件事：

1. 他们必须准时参加我们的辅导班。

2.他们要研究我们所谈论的事情，每天至少五分钟。

3.他们必须说到做到。

在过去的 30 年里，与我交谈过的每一位潜在客户都同意这些规定。他们认为这很容易，但是在数以百计的客户中，只有大约 30% 的客户遵守了他们的承诺。其他人会分心，不再专注目标或者放弃。他们失败的原因并不是技能差或经济问题，而是因为他们的固定型心态。只有拥有注重结果的心态，才会有显著的增长。外向型思维和以成长为核心的心态让一切都不同了。

畅销书作家马尔科姆·格拉德威尔曾谈到过错误的心态的危害。他表示，人才思维是安然公司的主要企业文化，这也是导致这家公司逐渐衰败的主要原因。安然公司犯了一个致命的错误，它创造了一种贬低辛勤工作，崇拜智慧和才能的文化。换句话说，他们创造了一种推崇固定型心态的文化。做出糟糕的决定后，安然公司的高管们会粉饰太平。例如肯尼斯·莱和杰夫斯基林，他们非但不从错误中吸取经验，反而极力保护公司的固化形象。

固定型心态的人专注于证明他们的才能和智慧，成长型心态的人则会不断提高自己。在一项研究中，卡罗尔·德威克要求学生给另一所学校的人写一封信，描述他们在最近的一次考试中的成绩。40%的学生会谎报成绩。具有固定型心态的人总会找理由来证明他们的才能。受到质疑时，他们会觉得受到了威胁，因此他们不太愿意补习，承认失败，承担责任。

固定型心态的人很难承认自己的错误，特别是在政府部门工作的人。恐怖袭击发生后，国务院官员们只顾指责他人，拒绝承担责任。国税局对政府官员进行特别检查时，被检查的官员连最明显的证据也不肯承认。当一个城市的谋杀率上升时，市长只会责怪资金缺乏，而不承认是自己管理失误。成为一个好领导的首要条件就是学会承认错误，然后学习和纠正错误。当一个政治官员承认错误并开始修正错误时，选民会宽容并原谅他们，但是他们通常只会责怪别人。我们很少听到有人有力地说："我犯了错误，但我正在想办法处理它。这不是我想要的结果，我会证明这一点。"

吉姆·柯林斯的《从卓越到超凡》中提到了，最好的领导者是自谦的。这并不是因为他们自带英雄主义光环，而是因为有魅力的领导人有着强大的自尊心。他们能够不断应对挑战、提出问题。面对艰难选择时，注重结果的人可以克服任何障碍。伟大的领导者不会试图证明他们比其他人强多少，他们只是不断提高自己。通用电气前首席执行官杰克·韦尔奇曾经说过："我

心态制胜
New Mindsets New Results

一直在努力招聘比我聪明的人。"

研究人员罗伯特·伍德和阿尔伯特·班杜拉（班杜拉是我们研究生院的英雄之一）做了一个实验，证明了注重结果的成长型心态的价值以及固定型心态的破坏性。他们把研究生分成两组，一组是具有成长型心态的人，另一组是具有固定型心态的人。他们指派研究生从事适合其既定技能的工作，然后告诉研究生以怎样的最佳方式激励和领导工人。他们还必须根据收到的有关员工工作效率的反馈来修改管理决策。

固定型心态的研究生被告知，所做的任务将被用来衡量他们的能力。成长型心态的学生被告知，他们的管理技能是通过实践来衡量的，而任务的结果将使他们有机会提高自己的技能。成长型心态的学生在不断学习，固定型心态的学生关心衡量表现的标准，考虑的多是如何保护他们现有的能力。成长型心态的学生在错误中学习如何更好地完成任务，固定型心态的学生当然也会犯错，可是遇到挫折后，他们不会从中吸取教训，而是不断地找借口或者责备别人。

李·艾柯卡是美国的商业偶像，因为把濒临倒闭的克莱斯勒汽车公司从危境中拯救过来而闻名于世。吉姆·柯林斯是这样描述李·艾柯卡的：艾柯卡拥有伟大的天赋和强大的自我，他向美国政府借钱挽救了汽车行业的数十万名员工。他在那项任务中取得了成功，但他没有培养副手，只关注他本人的能力。所以他一离开，克莱斯勒公司就崩溃了，变成了平平无奇的企业。

伟大领导者的心态

当杰克·韦尔奇在1980年接管通用电气公司时，该公司的市值为140亿美元。20年后，它的资产变成了4,900亿美元。通用电气是苹果公司出现之前世界上市值最高的公司。通用电气公司是一家拥有许多不同业务的集团公司，可是如果出现问题，韦尔奇会直接去工厂车间向工人征求意见。韦尔奇的许多下属向他学习，最终证明了自己的领导能力。韦尔奇从未在象牙塔中管理企业，因为他意识到，如果他不能从正确的地方得到正确的信息，就永远无法学习和进步。简而言之，他有一种成长型的心态。与之形成对比的是李·艾柯卡和安然公司的高管们，他们的决策是建立在固定型心态之上的。

我与杰克·韦尔奇有些渊源。1980年，我在投资银行皮博迪公司做股票经纪人。我离开后不久，通用电气公司就买下了皮博迪公司。他们骄傲自大地认为自己收购任何公司都能赚钱，因为他们自诩为业界最聪明的人。尽管通用电气公司的高管们

心态制胜
New Mindsets New Results

都有注重结果的心态，但皮博迪公司的高层不一样。当债券交易员约瑟夫·杰特诈称每一笔交易都能获得巨额利润时，皮博迪公司就陷入了困境。皮博迪公司的领导层心态固化。如果结果与他们的心态不符，他们不会从中吸取教训，而是选择撒谎。

我来说一下我第一次也是唯一一次被解雇的故事。1981年在加利福尼亚州新港滩，我每天打150个推销电话，有149次都是被拒绝的。可笑的是，每天我也会打给我母亲，三个月后，她也说："不要再打给我了。"我问我的经理史蒂夫，我能否向加利福尼亚的服务团体和投资俱乐部介绍一下我的投资项目。我有着丰富的团队演讲经验，并且意识到我的大多数电话推销都是针对那些不了解投资如何运作的人。他们不懂专业术语，甚至不知道如何分配他们的退休金。听到我的主意后，史蒂夫当场解雇了我。我清楚地记得他说的话。他说："你不适合这门生意。"这是股票业界的专门术语，意思是你永远也无法在这个行业成功。他说我需要像其他人一样挨个打推销电话，可是他没看到我这样做。我的经理心态固化，他认为销售的方式只有一种，就是打推销电话。

实际上，史蒂夫帮了我一个大忙。同一个月，我开始了我的咨询业务。40年后，我在演讲和写作方面赚的钱比一个电话推销的奸商能赚的钱多得多。但是日复一日打电话的经历，确

第九章
怎样在逆境中创造更好的心态

实帮助我建立了今天的事业。

沃伦·本尼斯是我成长过程中的另一个英雄。南加州大学的管理学教授本尼斯曾经说过,很多管理者被驱动着做事,却无法取得成绩。最好的领导者具有包容性,他们会表扬努力普通人,而不是天才。他们通常不会表扬员工有多聪明;相反,他们会表扬员工付出的努力以及他们优秀的表现。

史蒂芬·斯皮尔伯格执导的《辛德勒名单》是我最喜欢的电影之一。这部电影获得了1994年奥斯卡金像奖。在一个场景中,集中营的一栋建筑在德国建筑师面前倒塌,一位犹太女工程师向德国项目主管说明水泥地基是罪魁祸首。她指出了大楼里需要加固的地方。一名警官听完后拔出手枪,击杀了这位女建筑师。这虽然是一个极端的例子,但几十年来这个场景一直印在我的脑海里。心态固化的领导者会给公司的利润和士气带来严重危害。

最近我被介绍给一家中型企业的总裁。公司中的一个经纪人,也是我所辅导的客户,建议我见一见这位总裁,帮助这家公司增加销售额。总裁从未听说过我,所以我用最简单的几句话让他知道我为客户做的三件事:

1.我把客户加入每周商业计划中,以保持他们的积极性。

2.我可以重建员工的基本技能,这样员工就不用加班了。

3. 我可以培养员工的先进技能，这样一旦我们达成目标，公司就可以走向新高度。

公司的总裁说："我们已经在这样做了，我们不需要你的帮助。"我们还未谈到金钱和承诺，所谈的只是他的目标。总裁固化的心态让他无法接受其他解决方案。不幸的是，他本人的解决方案不起作用。

谈判：一种好的心态

谈判是你在职场中最需要培养的技能之一。伟大的谈判家是天生的还是后天培养的？谈判技能真能通过学习获得吗？

在一项研究中，研究人员劳拉·克雷和迈克尔·哈塞尔胡恩对被测试者进行了监测。被测试者被分为固定型心态和成长型心态两组，然后他们分别扮演招聘者和应聘者的角色。每组被测试者都针对工资、休假时间和福利进行了谈判。成长型心态的被测试者的表现比固定型心态的测试者好两倍。在谈判僵局中坚持的人比放弃的人表现得更好。在相同研究人员的其他研究中显示，在谈判课上，成长型心态的学生比固定型心态的学生表现更好。成长型心态的学生相信他们可以改进自己的工作，固定型心态的学生则认为谈判能力是天赋决定的。

唐纳德·特朗普几十年前写了一本畅销书《做生意的艺术》（*The Art of the Deal*），这本书中，我最喜欢的一段是他与纽约的一家开发商赫尔姆斯利的谈判。赫尔姆斯利想要购买特朗普的一家酒店。特朗普故意装傻，说那家酒店是不对外出售的，赫尔姆斯利坚持购买并希望特朗普提出报价。特朗普摇摇头，把赫尔姆斯利送到电梯前。当电梯门打开时，特朗普说："我感到非常抱歉，您没有买到这个酒店。但是，如果您真的想买下它，您会付多少钱？"特朗普最终卖了一个高价，但如果他着急卖掉酒店，最终的成交价格会低得多。这是一个很好的例子，可以很好地显示出优秀的谈判者能多高效。正如我的朋友罗杰·道森曾经说过的："谈判会是你一生中赚得最快的钱。"

chapter 10

第十章

思维方式与人际关系

到目前为止，你应该已经了解到固定型心态会破坏结果，而注重结果的心态可以创造结果。但你应该问的一个问题是：你能帮助别人，尤其是你的孩子，培养更好的心态吗？我经常会思考自信和心态之间的联系。鼓励孩子自信能帮助他们养成注重结果的心态。

告诉孩子他们多么聪明多么有天赋，会导致他们形成固定型心态。赞扬他们的努力和成就更有助于他们培养注重成果的心态。因此，自信是注重结果的心态的副产品。

帮助你的孩子培养良好的心态

发展心理学家海姆·吉诺特一生都在和儿童打交道。他的建议与我们前文所说的一致：家长不应该只表扬孩子的天分，而是要对他们的努力和成就做出肯定。符合当今"政治正确"的做法是，告诉孩子们，所有人都是赢家。但是如果每个孩子都是赢家，人们为什么要努力？怎样都不会失败的话，谁还肯努力呢？

指责你的孩子（或你自己）肯定做不好某件事，也会对带来相当负面的影响。当你对你的孩子说，"你就是没有数学天赋"。这暗示着他们缺少的是天赋而不是努力。这几乎就是在说你的孩子是天生的失败者，好的父母永远不该说出这样的话。如果孩子相信了你说的话，他们就会停止尝试，甘愿失败。但是表扬你的孩子很有天赋同样糟糕，因为如果你的孩子相信这一点，他们可能也会停止尝试，并认为他们的天赋会使他们成功。

在一项研究中，卡罗尔·德威克给学生们上了一堂关于数学史和伟大数学家的课。研究者向一半学生描述，数学家是很容易创造理论、得出发现的天才。这向学生传达了这样一个信息：有些人天生聪明，数学对他们来说很容易。其他学生则被告知，数学家对数学充满热情，但必须努力学习才能取得伟大的数学成就。这种方法传达了注重结果的心态。在这种心态中，勤奋以及对数学的热情可以帮助任何人成功。

然而现实中，我们总会忍不住赞扬孩子们的天赋，而不是他们的努力。我们会说，"太棒了，你完美地完成了任务"或者"你

心态制胜
New Mindsets New Results

真聪明，你太棒了！" 重要的是，我们要传达出努力比能力更加重要。赞美努力和奉献，而不是天赋。

因此，当你的孩子担心一次考试或某个项目时，不要夸奖他们多聪明或者反复强调他们不可能失败。相反，如果想让他们安心，你应该夸奖孩子们的努力，并告诉他们，无论这次成绩如何，下次一定能提高。

许多年前我对自己的孩子犯过这个错误，当我教我的女儿卡洛琳扔球时，我说她是一个有天赋的运动员。可事实上，我应该说："太棒了！你越来越好了！你比上次我们玩接球时进步了很多！" 多年后，她开始打网球，并轻松地入选高中校队。但是当她尝试进大学的网球队时，我犯了一个错误，我告诉她："你是队里最好的球员，入选大学网球队是轻而易举的。" 她后来的确入选了大学校队。但是万一她没能成功入选，她会认为这是她个人的失败，而不会把这次失败视为下一次尝试的基石。

以下是父母在表扬孩子时常犯的错误：

1.告诉你的孩子，你认为她是最好的。

2.告诉你的孩子，她比获胜的孩子更好。

3.告诉你的孩子，运动或其他活动并不重要。

4.告诉你的孩子，以她的才能和天赋，她下一次一定会赢。

第十章
思维方式与人际关系

　　我的妻子梅里塔常常爱自言自语。医生最近给她开了些处方药。当我问到医生开了什么药时，她说："你明知道我记性差，干吗还要问呢？" 有时她会撞到椅子或桌子上，然后连连说："我太笨手笨脚了，真不敢相信我撞到了那把椅子。"你可能认为这是谦虚，但它也传达了一种固定型心态。这种心态发出一个信息，认为她的记忆永远不会提高，她永远也不会变得优雅。你可能也会这样自言自语，在打高尔夫球时，你是不是也会说："我打得不好，我永远也不会打得好！" 你见过有人在一次糟糕的发球后扔掉高尔夫球杆吗？我见过。这显示出此人固定型的心态，这个人认为自己永远也不会提高，永远不会变得更好。

　　有时候，在打出一个糟糕的球后，我也会说："这太蠢了，我真不敢相信这球是我打的。" 罗杰·费德勒是历史上最好的网球选手之一。他在比赛中总是显得很冰冷，没有感情。然而大家都知道，费德勒还是个新手时，他的脾气很暴躁。漏球后，他会把网球拍子扔到球场上。费德勒的父母和我的父母一样，在他摔坏自己的球拍后，不会给他买新球拍。当你必须承担发脾气的后果时，你很快就能学会控制自己的行为。

　　许多网球选手的家长经常夸奖孩子的球打得多好，却不称赞他们有多么努力。但是正如我们在约翰·麦肯罗身上看到的，

心态制胜
New Mindsets New Results

赞扬运动员的能力会让他们在失败时感到沮丧、自责和愤怒。正确的方法是赞扬他们的努力与付出。

我曾经执教过我女儿卡洛琳的高中网球队。我常常会告诉女孩们如何打出更好的发球，或者怎样在发球时获得更多的力量。我在20世纪70年代打了两年职业网球巡回赛，但是一些女孩仍然会争辩说我教的方法和她们父母教的不一样。还有些女孩会说父母说她们是天才球员，根本用不着太刻苦的训练。

我离开后，另一位教练接管了网球队。她真的不懂网球，她只会说每个姑娘都是好球员。这不仅导致她们输掉比赛时很沮丧，也使她们对生活的其他领域失去了信心。因为她们认为失败不是因为缺少努力，而是因为缺乏才能和天赋。我们需要鼓励那些努力实现自己梦想的孩子，而不是让他们觉得自己没有能力去实现这些目标。

赞美总是无法长久。你为孩子设置了一个高标准，而且想要确保他们取得好成绩。但是依照这个标准，只有在孩子获得成功的情况下，你才能赞美他们。而赞美他们的努力其实比赞美他们的成功要好得多。

第十章
思维方式与人际关系

渐进法

你想了解鼓励孩子的更好的方法吗？这个方法可以让孩子们拥有注重结果的心态。在我攻读博士学位时，我的老师是"行为科学矫正之父"B.F.斯金纳的学生。你也许听说过关于行为矫正的一些负面信息，可能会认为这是在人们头脑中放置电极或者其他奇怪的行为治疗。但是，这个领域的研究已经有很长时间了。

操作性条件反射（operant conditioning）的一个原则是渐进法（successive approximation）。你有没有想过驯兽师是怎样训练动物的？海洋公园的鲸鱼是怎样钻过火圈的？你是否认为，培训师就傻傻地等着鲸鱼钻火圈，然后奖励它？不是的，实际上他们会训练鲸鱼做一系列接近最终结果的动作。起初，他们把一个圆圈放在水面上，里面有一条鱼作为奖励。然后他们把圆圈从水中拿出来，等鲸鱼将鼻子穿过圆圈，再次给予奖励。这种情况持续了数月，每当鲸鱼接近目标就会获得奖励，最后，鲸鱼可以跃出水面数米，钻过火圈，赢得观众雷鸣般的掌声。这是经过几个月的渐进目标的训练后才达成的。

如何帮助孩子形成注重结果的心态？首先，赞扬他们花时间努力实现目标。当他们做出更多的努力时，继续赞扬他们。

心态制胜
New Mindsets New Results

几天后或几周后，赞扬他们新的努力和成就。不要提从前的努力，只说今天做出的更大的努力。在孩子们不断接近目标时持续赞扬他们，你就能帮他们塑造出更好的心态。

事实上，渐进法可以帮助你塑造任何目标。你可以培养员工的销售技能，与助理进行更好的沟通，甚至可以教会亲戚准时的重要性。赞扬人们在某件事情上的进步不仅可以帮助他们实现目标，还有助于在他们这个过程中形成注重结果的心态。

正如我之前提到的，赞扬某人的才能必然会导致固定型心态。但赞扬某人的努力可以帮助人们形成注重结果的心态。我偶尔会讽刺我的一些网球朋友太聪明，夸奖他们的成功。然而如果你真的在乎一个人能力的增长，你绝不会这样夸人。你会夸奖他们的努力和表现。

哈佛大学的一项研究显示，金钱是人们加入公司的主要原因。其次是乐趣、培训、支持和认可。千禧一代的人特别看重乐趣和培训，他们希望在未来的公司中增加自己的价值，并享受这一过程。我曾经从我女儿史黛丝毕业的詹姆斯·麦迪逊大学雇佣过二十名毕业生。有一个年轻女孩工作了仅仅三个月后，就辞职去了一家企业租车公司。当我问她为什么离开一家著名的咨询公司去那里，她说那家企业更有趣，因为他们每个星期五下班后都有啤酒聚会。

你认为员工离开公司的最大原因是什么？钱？兴趣？他人的认可？对于一个非千禧一代的人来说，被认可是留在一个公司的最大原因。除非你想培养一个傲慢、爱找借口、思维僵化的员工，否则你应该赞扬员工的努力和表现，而不是赞扬员工本身。

你可以使用以下方法来判断与你一起工作的人，并帮助培养他们形成注重结果的心态。一个很好的方法是，每天至少表扬他人三次。我说的不是虚假的客套，而是请你赞扬他人实际的工作。这将提高士气，让你的同事对"来上班"感到期待。我的一个客户是路易斯安那州的一家抵押贷款公司的老板。我建议他经常表扬他的员工，他不认同这一点。他说："他们没做任何值得表扬的事。"一周后，我们进行下一次的电话培训时，这位老板告诉我："表扬真的很有效。我的一个员工走进我的办公室，说他不知道发生了什么，但感觉办公室的氛围好多了，这里更有趣了。"

这里有一个表扬的三步法，可帮助他人形成注重结果的心态。

1. 在公共场合做出表扬。这会使团队中的每个人都感觉更好，同时也会使他们想要在未来获得表扬。

2. 表扬要非常具体。我的客户经常对员工说"你的工作很出色"。但出色具体指什么？你的目的是要他们重复获得表扬之前的行为。"在客户的截止时间前完成了工作。这真的很重要"。这样的表扬会让员工在截止日期前完成工作的可能性大大增加。

3. 全面地赞扬他人。这意味着让他们知道你是多么感激他们的辛勤工作，多么珍惜他们的努力和奉献。

总之，永远不要赞美这个人本身，只赞美他们的行为。永远不要说，"你这么聪明，我们很幸运拥有你"或者"靠着你的才能和经验，我们将实现财务目标"。这样的表扬会造成固定型心态。你的员工会推卸责任，贬低你的指导，并失去工作动力。但是，通过表扬员工的努力，你将培养出期待技能精进，能在未来赢得赞誉的人。

内向者的心态

内向者通常采取哪种心态？固定型模式还是注重结果的模式？

心理学研究者詹妮弗·比尔研究了内向者和外向者的心态。她记录了这些群体之间的互动，评估了他们的沟通方法。她发现，固定型心态的人更容易害羞。他们更在意批评，也更容易焦虑。但令人惊讶的是，害羞虽然减少了固定型心态的人的社会互动，但它并没有明显地损害成长型心态的人的沟通技巧。具有成长型心态的内向者将社会互动视为一种挑战。当因为新朋友焦虑时，他们会试图克服焦虑。固定型心态的内向者也会感到紧张，但他们更可能避免人际交往，包括语言和眼神交流。成长型心态的人把害羞看作是改善的垫脚石，固定型心态的人总是试图避免新的关系。

女性的心态

心态在性别上似乎也有差异。你认为谁更可能形成固定型心态：男性还是女性？谁更可能发展出注重结果的心态？在研讨会上，我经常问谁能更好地接受拒绝：男性还是女性？答案是男性。我开玩笑地说，女性更善于拒绝别人。当我在上大学的时候，我不认识的女人甚至特意打电话告诉我："别找我约会！"

不同性别的心态之所以会有差异，与我们培养女孩和男孩的方式有关。男孩们经常受到责骂、贬低和纠正。

心态制胜
New Mindsets New Results

　　男性经常遭到别人的责难，但随着时间的推移，这些责难会变少。如果朋友说你不会穿衣服，男人的想法可能是，"我不在乎，我喜欢这件衬衫"。和我的妻子一同出门前，她都会检查一遍我的衣服。当我听到："你不会就这样出门吧！"我就知道我需要换衣服了，否则接下来的一个小时我就会听到喋喋不休的唠叨声。但如果她问我她漂不漂亮，我会自下意识地说"漂亮"。如果我不这样做，那么她将在接下来的二十分钟内不断地展示这件衣服，而我也不得不参与其中。

　　女孩往往受到保护。父母、老师和朋友会告诉她们是多么美丽、聪明和有才华。这造就了有固定型心态的成功女性。她们不像男生那样从小被批评，长大以后再受到批评，对她们的影响会很大。在一项研究中，成功女性被问及她们有多脆弱。许多人担心她们的脆弱会被发现，因为她们认为自己不配成功。另外一些人，即使她们更有才华和天赋，却依然感到焦虑。

　　大多数男人已经学会不问女人是否有孕，哪怕她已经怀孕九个月或者还有几分钟就要分娩。因为如果事实证明她没怀孕，男人会非常害怕女人的反应。就我个人而言，我不止一次地犯过这个错误。我很健谈，经常想聊聊显而易见的问题。大多数男人都比我聪明，从不谈论这个话题，我愚蠢地犯过三次这样的错误，希望我永远不会再犯了。

所以，如果你是一个女人，意识到你可能是固定型心态的人。你可能需要比男性更努力地工作，以保持对成长的专注。

有天赋就可以弥补不努力吗

关于心态最常见的误解之一是：天赋意味着你不需要工作或努力。泰格·伍兹在拉哈布拉高地的哈森达乡村俱乐部创造球场纪录时仅有 17 岁。他被认为是历史上最有天赋的高尔夫球手。但是他其实是被包装出来的天才。伍兹的父亲在他刚学会走路时就把高尔夫球杆塞进了他的手里。3 岁时，他就每天在电视上观看高尔夫球赛。毫无疑问，伍兹是有天赋的，可是让他成为冠军的是不懈的努力。

1988 年，四分卫瑞安·叶在美国职业橄榄球大联盟选秀中被选为第二名，仅次于两届超级碗冠军佩顿·曼宁。瑞安的天赋和能力不逊于佩顿，但佩顿很快便让他望尘莫及。

瑞安的心态很出色。据福克斯体育最近的报道，他的年薪为 500 万美元，可他根本不喜欢橄榄球。瑞安知道自己有天赋，但他没有激情。在美国国家橄榄球联盟中度过了两年后，他从未付出其他球员们所付出的努力。瑞恩有天赋，但他不愿意努力，而且没有培养自身才能的热情。只重视天赋的固化思维，使瑞安注定平庸。

瑞安开始吸毒，最终被圣迭戈电光队开除。两年后，他彻底离开了橄榄球场。他搬回了他在蒙大拿州的家乡，开始走下坡路，他因毒品犯罪而坐了两年牢。他后来无不感慨地庆幸自己没有自行了断。

瑞安现在的工作是帮助罪犯和瘾君子康复，过上更好的生活。瑞安·叶找到了他的方向，但这个方向不是橄榄球。

卡罗尔·德威克写过一篇关于棒球运动员莫里·威尔斯的文章。20 世纪 50 年代，积极进取的威尔斯梦想成为一名大联盟球员。但是由于他的击球不够好，洛杉矶道奇队把他送到了小联盟。莫里满怀信心满满地告诉他的朋友们，他将在两年内回到大满贯赛，到时可以跟杰基·罗宾逊一起打球。两年变成了八年半。威尔斯终于在另一名游击手摔断脚趾后被调到大满贯赛。他的击球仍然不够好，但他永远是积极的。他专注于成为一个更好的击球手。莫里去找他的一垒教练寻求帮助，在教练的帮助下，在常规练习之外，他还要练上几个小时。他研究了各种投球手，学习预测球的飞行模式。他开始变得更好。莫里真正了不起的地方是他能够以极快的速度抢垒，抢垒的威胁分散了投手和捕手的注意力，不仅能帮助队友更快地得垒，还赢得了比赛。

固定型心态的人是不可能坚持八年半依然不放弃的。要想拥有这样的耐力，你必须先有一个梦想，并且为了梦想不断努力。你要相信，如果你投入足够的努力，就能实现你的梦想。

想想如果你八年来每月赚 1000 美元，但是同龄人的收入是你的十倍，你能坚持八年，争取你想要的机会吗？没有多少人可以坚持下来。注重结果的心态是帮助你做到这件事的唯一方法。

迈克尔·乔丹曾接受过哥伦比亚广播公司的《60 分钟》节目的一次采访。在采访中，记者史蒂夫·克罗夫特提醒乔丹，他曾经被高中篮球队裁掉。采访结束后，克罗夫特问乔丹是否愿意和他打一对一的比赛。在乔丹以十比零结束比赛后，克罗夫特问乔丹是否能让他获胜一次。乔丹说："不能。" 克罗夫特问："你有没有输过？"乔丹说："当然输过。"克罗夫特说："你输的时候会做什么？"乔丹回答说："会一直打到我赢。"同样，美国职业橄榄球大联盟的传奇教练文斯·隆巴迪也说过："我们没有输掉比赛，只是没时间了。"

迈克尔·乔丹固然有天赋，但是更难能可贵的是他的职业素养。他不仅努力，而且会一直努力到赢为止，很少有运动员有这样的奉献精神和心态。

傲慢的心态

我已经讲过通用电气公司出于自大收购皮博迪公司的故事。通用电气公司的高管们认为他们是谈判间里最聪明的人，可是事实证明皮博迪公司让通用电气公司损失了数亿美元。

日本人在第二次世界大战中的失败可以说也是由于傲慢导致的。日本人在亚洲战场与太平洋战场上势如破竹。美国海军上将切斯特·尼米兹收到情报，日本将入侵太平洋中部的中途岛，尼米兹决定给日本海军司令山本五十六设置一个陷阱。尼米兹决定在中途伏击日本海军，劫走日方的四艘航空母舰。这是一场让美国其他航母舰队冒险的巨大的赌博。如果尼米兹输了这场战斗，就无人能阻止日本入侵加利福尼亚州和美国西海岸。

日本人犯了一个致命的固定型心态的错误。日军分散了他们的东部力量，把一半的舰队送到阿拉斯加附近的阿留申群岛，另一半送往中途岛。他们非常有信心，认为美军无法与日军相匹敌，因此日本承担了不必要的风险。如果日军没有分散军力，他们本可以击败美国海军，最终打赢太平洋战争。

希特勒也犯了同样傲慢的、固定型心态的错误。德国决定在第二次世界大战中期入侵苏联，这让英国松了口气。如果希

第十章
思维方式与人际关系

特勒只关注英国，而不同时入侵俄罗斯，他可能会赢得欧洲战争，然后积蓄力量征服苏联。但希特勒有一种固定型心态，他认为雅利安人是优越的，苏联人低人一等，狂妄的固定型心态再次改变了历史。

日本人在第二次世界大战期间极其野蛮地对待菲律宾人、中国人和美国人，特别是在撤退时。他们甚至将《日内瓦公约》中关于战俘民事待遇的条款视若无物。多次屠杀后，日本高级指挥官们被问到他们怎么会如此残忍，他们都说日本人是最优越的，其他国家的种族是低劣的，应该被杀。德国军队也对俘虏进行了大规模屠杀。在布尔日战役的阿登斯森林中，有两百余名美国圣战者被谋杀。当德国军官被问到他们的暴行时，他们说了同样的话：美国人低人一等，应该被杀。

爱德华·吉本的《罗马帝国衰亡史》描述了这样的场景：打了胜仗的将军们带着掠夺的财物和奴隶回到罗马，罗马以盛大的胜利游行欢迎他们。但是礼仪战车队伍中总会安排一个人对将军们说："你只有一个人，你只是一个人。"

成功可以带来傲慢。傲慢可以创造一种固定型的心态，而这可能会导致失败。

结　论

这本书想要传达的是：心态在成功之路上扮演的重要角色是不可忽视的。可以说，心态就是一切。因为基于你的信念和过往的经历所建立的心态关系到你如何思考、怎样看待这个世界，它奠定了基础，决定你如何回应每一件事。

通过这本书，你知道了心态怎样影响你的自信，以及心态怎样产生偏见，过滤掉对你有用的信息。你学习到，内向型心态的人最关心自己，而外向型心态能帮助你更好地与他人相处，有效实现目标。

你了解到固定型心态的人很容易根据一次挫折和失败，否定一个人的努力和才能。与此对应，成长型心态的人将挫折和失败视为通向成功的垫脚石；成长型心态让你对未来充满信心，坚信潜力是无限的。而固定型心态会让你的生活充斥着抱怨和否定。

你了解到，将外向型思维与成长型思维结合，得到注重结果的心态的重要性。你还学习了如何以新的方式重新思考未来

心态制胜
New Mindsets New Results

和过去，以支持你获得想要的心态。

你学会了通过改变记忆来改变你的信仰。通过神经语言编程，你现在能够看到、听到或感觉到一种信仰。现在你知道了如何强化或淡化这些表达，从而增强信心，减缓焦虑。

你甚至学会了怎样使用资源循环在几秒钟内改变你的情绪。我们花了很多时间讨论元模式以及你使用的心态。如果你可以改变你的元模式，你就可以创建一个注重结果的心态。

有了正确的心态，完成目标很容易。所以你学会了怎样把目标分割成小目标，使之成为可以完成的短期、中期和长期的目标。我们还学习了如何体验目标，而不是简单地把目标写下来。你越能体验到成果，你就越有动力去实现它。

你以前也设定过目标，却没能实现，就像每年新年立下的决心总无法坚持。如今，你已学会了通过创建行为契约来确保对目标的坚持，通过使用即时奖励来强制执行。你学会了用渐进法进行行为塑造——做一些小的改变，一点一点地接近你想要达到的最终结果。

你已经知道心态对大脑的影响。如果你是个爱担心的人，你创造的大脑通路会让你更加焦虑。换言之，如果你的心态是积极乐观的，大脑就能产生让你保持积极的神经通路，使你更加积极并专注于你想要的结果。所以，你可以使用模式中断的方法来改变你的思维方式，即及时中断大脑中弥漫的消极因素，替换以积极的心态。

这样一来，就不难理解奋斗为何能增强积极的心态。你越是挑战自己，你的身体和精神就会愈发敏锐。没有持续的冒险，积极的心态就会退化。在这个部分中，你还了解了伟大的领导者怎样使用注重结果的心态培养、激励人才并且更好地进行谈判。

你也知道心态在建立和维护良好的人际关系方面起着至关重要的作用。例如，你可以通过表扬三步法巧妙地激发别人学习和专注的欲望。你可以帮助孩子培养更好的心态。你也明白了害羞其实是固定型心态的一个表现。我们讨论了女孩通常是怎样在固定型心态的环境中成长的，以及她们之后要怎样形成积极的心态。

最后，我们了解到才能不能代替努力。不断发展自己能力的人，才能实现他们的目标。我们还了解到，傲慢是成长型心态者和注重结果的心态者的敌人。

1976 年，还在上大学的我和一位未来之星一起参加国际巡回赛。他发球火爆，贴地球百发百中的。他也是我见过的最有积极性的人。他在三场比赛中险胜于我，在之后的几个小时里，我们聊了聊网球和我们的目标。我想要再参加几年巡回赛，如果这个愿望无法实现，我会去继续攻读博士学位。

我问这位热情的球员他的目标是什么，他回答道："很简单，我要参加巡回赛，成为世界第一。"他向我展示了他的温布尔登奖杯、法国公开赛奖杯以及其他大满贯赛事的奖杯的照片。他拿出其他专业巡回赛球员给他鼓劲的信件。我有一张由20世纪60年代网球名将罗德·拉沃尔签名的珍贵照片，他也曾祝我在巡回赛上取得好成绩。但是这个年轻的新秀超级巨星有一摞照片、信件和网球笔记，这些东西不断地激励着他。

他后来成为世界排名前五十名的球员，我却在两年后放弃了比赛，继续攻读博士学位。就像1519年，西班牙上尉埃尔南·科尔特斯在墨西哥韦拉克鲁斯登陆时烧毁战船，让船员无路可退那样，这位球员把所有精力都倾注于自己的目标上。他有一种心态，就是无论多么艰难，他都会坚持下去。在他看来，成为顶级职业巡回赛选手更需要努力，而不是天赋。由此，我也更加明白心态是第一生产力。

总而言之，心态会影响你的自信、目标，甚至满足感。我希望你在这本书中学到一些日后对你有用的东西。如果你有所感悟，请尝试在接下来的三周内运用这些技巧。如果你真的想改变，想要建立有利于成功的外向型和成长型心态，那么你需要加倍努力，当然，你也已知道了，努力可以创造一切。